Discovery EDUCATION

맛있는 과학

디스커버리 에듀케이션
맛있는 과학-34 지진과 화산

1판 1쇄 발행 | 2012. 4. 25.
1판 3쇄 발행 | 2018. 3. 11.

발행처 김영사
발행인 고세규
등록번호 제 406-2003-036호
등록일자 1979. 5. 17.
주　소 경기도 파주시 문발로 197(우10881)
전　화 마케팅부 031-955-3102 편집부 031-955-3113~20
팩　스 031-955-3111

값은 표지에 있습니다.
ISBN 978-89-349-5622-8 64400
ISBN 978-89-349-5254-1 (세트)

좋은 독자가 좋은 책을 만듭니다. 김영사는 독자 여러분의 의견에 항상 귀 기울이고 있습니다.
독자의견전화 031-955-3139 | 전자우편 book@gimmyoung.com | 홈페이지 www.gimmyoungjr.com
어린이들의 책놀이터 cafe.naver.com/gimmyoungjr | 드림365 cafe.naver.com/dreem365

어린이제품 안전특별법에 의한 표시사항

제품명 도서 **제조년월일** 2018년 3월 11일 **제조사명** 김영사 **주소** 10881 경기도 파주시 문발로 197
전화번호 031-955-3100 **제조국명** 대한민국 ⚠**주의** 책 모서리에 찍히거나 책장에 베이지 않게 조심하세요.

최고의 어린이 과학 콘텐츠

디스커버리 에듀케이션 정식 계약판!

Discovery EDUCATION

맛있는 과학

34 | 지진과 화산

김민정 글 | 김준연 그림 | 류지윤 외 감수

주니어김영사

차례

1. 흔들리는 땅

2. 지진으로 생기는 일

3. 해일

4. 화산

5. 화산이 폭발하면 생기는 일

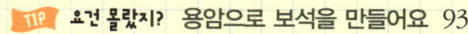

관련 교과

초등 4학년 2학기 2. 지층과 화석

초등 4학년 2학기 4. 화산과 지진

중학교 1학년 8. 판 구조론과 지각 변동

1. 흔들리는 땅

여러분은 땅이 흔들리는 것을 느껴 본 적이 있나요? 땅이 흔들리는 현상을 지진이라고 합니다. 우리가 서 있는 땅이 움직인다면 어떨까요? 우리가 지진을 자주 느낄 수는 없지만, 우리가 살고 있는 이 땅에서도 우리가 직접 느끼지 못하는 약한 지진들이 계속 일어나고 있습니다. 지진은 왜 일어나는 걸까요?

지구의 속은 어떻게 생겼을까요?

지구 내부의 구조

지구 내부의 구조는 크게 네 부분으로 나눌 수가 있습니다. 지구 겉 부분에서부터 지각, 맨틀, 외핵, 내핵으로 나눕니다.

지각은 우리가 발을 딛고 살고 있는 부분입니다. 두께가 가장 얇지요. 지하 약 30㎞까지가 지각에 해당합니다. 지각은 대륙 지각과 해양 지각으로 나눌 수 있습니다. 대륙 지각은 바다 위에 나와 있는 부분이고, 해양 지각은

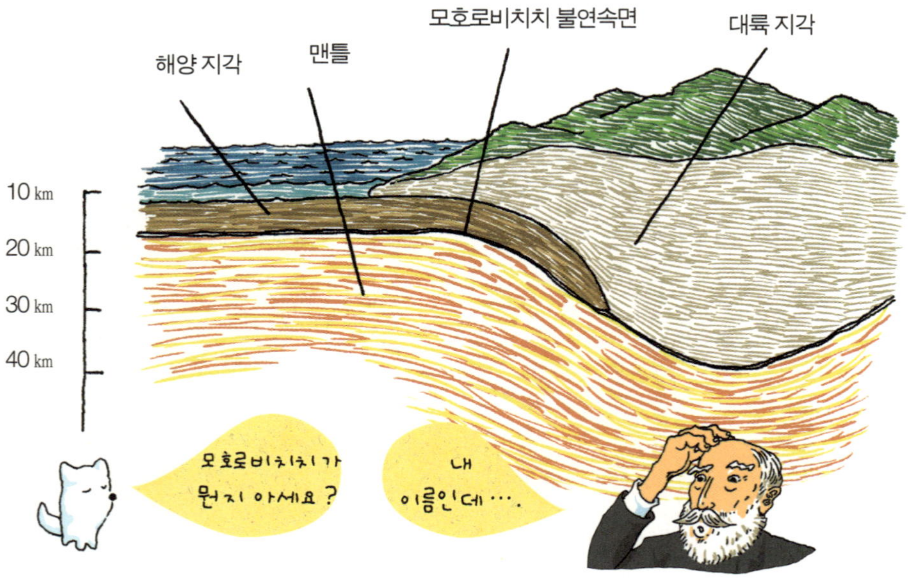

대륙 지각과 해양 지각.

바닷속에 있는 부분입니다. 대륙 지각은 위아래로 볼록하게 생긴 데 비해, 해양 지각은 얇습니다.

또한, 해양 지각은 밀도가 큰 현무암질 암석으로 이루어져 있고, 대륙 지각은 현무암질 암석보다 밀도가 작은 화강암질 암석으로 이루어져 있습니다. 그래서 해양 지각과 대륙 지각이 만나게 되면, 밀도가 큰 해양 지각이 대륙 지각의 밑으로 들어가게 됩니다.

현무암질 암석

현무암질 광물을 많이 포함하고 있는 암석으로, 화강암질 암석보다 밀도가 큽니다. 바닷속 땅 밑에 있던 용암이 바다 지각 위로 흘러나와 바닷물과 만나 빠르게 굳어서 현무암이 됩니다.

화강암질 암석

화강암질 광물을 많이 포함하고 있는 암석으로, 현무암질 암석보다 밀도가 작습니다. 현무암처럼 화산 활동으로 만들어진 암석이지만 마그마가 천천히 식으면서 만들어졌기 때문에 현무암보다 단단하고 알갱이가 크고 고릅니다.

대륙 지각은 오랫동안 풍화 작용으로 생긴 것이기 때문에 그 구조와 성분이 지역에 따라 판이하게 달라집니다. 이에 비해 해양 지각은 온 지구에 걸쳐서 거의 동일한 과정을 통하여 형성되기 때문에 매우 비슷한 형태를 보입니다.

지각과 맨틀의 경계 부분을 모호로비치치 불연속면이라고 합니다. 이것은 모호로비치치라는 과학자가 발견했기 때문에 붙여진 이름입니다. 모호로비치치 불연속면은 줄임말로 '모호면'이라고 부르기도 하는데, 모호로비치치가 지진의 원인을 찾기 위해 실험을 하던 중에 갑자기 지진파가 심하게 변하는 지점이 있는 것을 보고 발견하게 되었습니다. 지진파가 심하게 변하게 되는 지점이 분명히 다른 물질들이 만나는 경계면일 것이라고 생각하게 된 것이지요.

지각 밑에 자리 잡고 있는 부분은 맨틀이라고 합니다. 맨틀은 지구 내부를 구성하고 있는 네 부분 중에서 가장 부피가 큰 구간입니다. 지구 내부를 구성하는 물질 중에 84%를 차지하고 있지요. 맨틀은 지하 약 30㎞ 지

불연속면

같은 물질로 이어지지 않고, 다른 물질로 바뀌게 되는 경계면을 말합니다. 어떤 지진파는 전달하지만 다른 지진파는 전달하지 못하는 경계면을 불연속면이라고 부릅니다.

점에서 약 2,900㎞ 지점까지로, 고체 상태의 무거운 암석으로 구성되어 있습니다. 맨틀은 고체로 되어 있지만, 아주 조금씩 천천히 움직일 수가 있기 때문에, 맨틀 위에 있는 지각을 이동시키기도 합니다. 이런 고체 물질을 '유동성 고체'라고 합니다.

맨틀과 외핵 사이의 경계인 불연속면을 '구텐베르크 불연속면'이라고 부릅니다. 특히 지진파 중 S파는 구텐베르크 불연속면에 도달하면 그 이상 통과할 수가 없게 됩니다. 그래서 구텐베르크 불연속면보다 더 깊이 들어가게 되면, 그곳은 액체 상태로 되어 있을 것이라고 생각하고 있습니다.

외핵은 지하 약 2,900㎞에서 약 5,100㎞까지를 말합니다. 정확하지는 않지만, S파가 통과되지 않는 걸로 미루어 보아 액체 상태로 되어 있으며 철과 산소, 황, 규소 같은 물질들이 섞여 있을 것이라고 예상하고 있지요.

외핵은 액체 상태로 지구의 공전과 열역학의 영향을 받으며 대류하고 있다고 추정하고 있어요. 외핵의 운동에 의해 지구의 강력한 자기장이 유지되고 있다고 생각하고 있습니다. 핵을 외핵과 내핵으로 나누는 경계면에서는 지진파 중 P파가 꺾이는 현상이 있는데 이 부분을 레만 불연속면이라고 합니다.

내핵은 지하 약 5,100㎞에서 지구의 중심인 약 6,400㎞ 지점까지를 말합니다. 내핵은 고체 물질로 이루어져 있을 것이라고 예상하고 있지만, 액체 상태인 외핵이 막고 있어서 S파를 통과시키지는 못하고 있습니다.

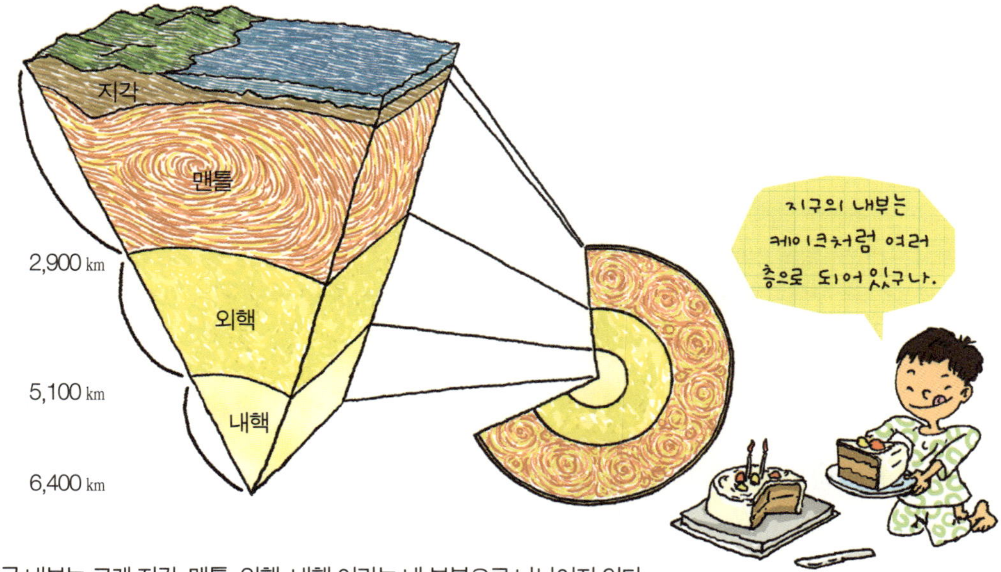

지구 내부는 크게 지각, 맨틀, 외핵, 내핵 이라는 네 부분으로 나뉘어져 있다.

지구 내부 조사 방법

지구의 속 구조가 어떻게 생겼는지 알아보기 위한 방법 중에 직접 땅속을 뚫고 들어가 보는 방법이 있습니다. 이 방법을 시추법이라고 하지요. 하지만 지구의 반지름이 6,370km라고 하니, 지구의 중심까지 땅을 파려면 6,370km나 되는 거리를 땅을 뚫고 내려가 봐야 합니다. 지구의 내부를 뚫고 들어가다 보면 위험한 일들이 생길 수도 있기 때문에 이 방법으로 지구의 속 구조가 어떻게 되어 있는지를 알아보기는 어렵습니다.

그래서 과학자들은 땅을 직접 파 보지 않고도 땅속에 어떤 물질들이 있을지 예상해 볼 수 있는 좋은 방법을 생각해 냈습니다. 바로 지진파를 분석하는

굴절

파동이 서로 다른 물질의 경계면을 지나면서 진행 방향이 바뀌는 현상을 말합니다. 이것은 두 물질 사이에서 파동이 나아가는 속력이 다르기 때문입니다.

반사

일정한 방향으로 나아가던 파동이 다른 물체의 표면에 부딪혀서 나아가던 방향을 반대로 바꾸는 현상입니다. 우리가 눈으로 보는 빛에는 스스로 빛을 내는 광원에서 나오는 빛도 있지만, 대부분은 물체에 부딪혀 나오는 반사 광선들입니다.

것입니다. 지진파는 지진이 발생할 때의 진동의 움직임을 말합니다. 지진파의 측정은 지진계를 이용하지요. 물질의 종류에 따라서 지진파가 지나가는 속도가 달라집니다. 또 새로운 물질이 나타났을 때 그 경계면에서 파동이 반사되거나 굴절되기 때문에, 이 성질을 이용하면 물질들끼리의 경계면을 알 수 있습니다.

지구 내부를 조사할 때는 자연적으로 발생한 지진파뿐만 아니라, 압축 공기로 지진파를 만드는 장치인 에어건을 이용하기도 합니다. 지진파 중 P파는 고체, 액체, 기체를 다 통과할 수 있지만, S파는 고체만 통과할 수 있기 때문에, P파와 S파의 통과 여부에 따라서 어떤 물질로 이루어져 있는지도 알 수 있습니다.

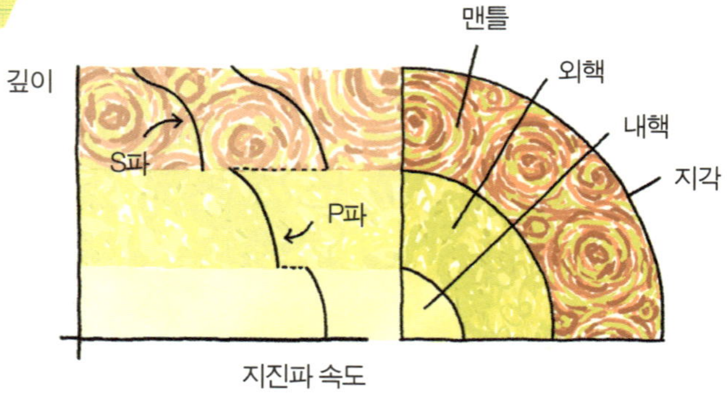

지구 내부에 P파, S파가 흘렀을 때 깊이에 따른 속도를 비교한 그래프.

지구 내부를 통과한 지진파의 속도를 분석한 그래프를 보면, P파의 진행 곡선 중 세 부분에서 속도의 변화가 있다는 것을 알 수가 있습니다. 다른 물질을 만나게 되는 경계면이지요. 그래서 지구의 내부는 네 부분으로 나누어져 있다는 것을 알 수 있게 되었습니다.

에어건은 해상에서 지하 구조를 탐사하기 위한 장치로, '공기 폭발기' 라고도 한다. ⓒ Hannes Grobe @the Wikimedia Commons

또 S파가 지나가다가 멈추게 되는 부분이 있습니다. 이 부분은 S파가 지나가지 못하는 액체나 기체로 이루어진 물질이기 때문입니다. 그래서 외핵은 액체 물질로 이루어져 있을 것이라고 과학자들은 예상하고 있습니다.

TIP 요건 몰랐지?

지진파

지진파는 지진이 발생할 때 생기는 에너지입니다. 이 에너지는 진동을 주는 파동 형태로 나타납니다. 지진파에는 P파와 S파가 있습니다. P파는 앞뒤로 진동하고 속도가 빠릅니다. P파의 진동은 속도가 빨라서 멀리까지 퍼져나갈 수 있지만, 힘이 약해서 지진이 났을 때 피해가 크지 않습니다. S파는 위아래로 진동하고 속도는 느리지만, 힘이 굉장히 세지요. S파의 진동은 멀리까지 퍼져나갈 수는 없지만, 대신 힘이 강해서 지진이 났을 때 피해가 큽니다. P파는 고체, 액체, 기체를 모두 통과하여 지나갑니다. 하지만 S파는 고체만을 통과할 수가 있습니다.

P파

S파

지진은 왜 생길까요?

지진의 원인

커다랗고 무거운 땅이 어떻게 흔들릴 수 있을까요? 그것은 지구 내부에서 움직임이 있었기 때문입니다. 우리가 '땅'이라고 부르는 곳, 즉 지구를 둘러싸고 있는 가장 겉의 부분인 지각이 지구 내부에서의 움직임 때문에 충격을 받았기 때문이지요.

지구 내부가 움직이는 경우에도 여러 가지가 있습니다.

첫째, 지각이 움직이면서 부딪치거나 서로 밀고, 쪼개지면서 지진이 발생합니다. 지각 밑에 있는 맨틀의 움직임 때문에, 지각이 움직이게 되면서 지각끼리 서로 부딪치는 일이 발생하게 되지요. 지

지진이 일어나면 땅이 흔들려 갈라지기도 한다.
ⓒ Martin Luff @flickr.com

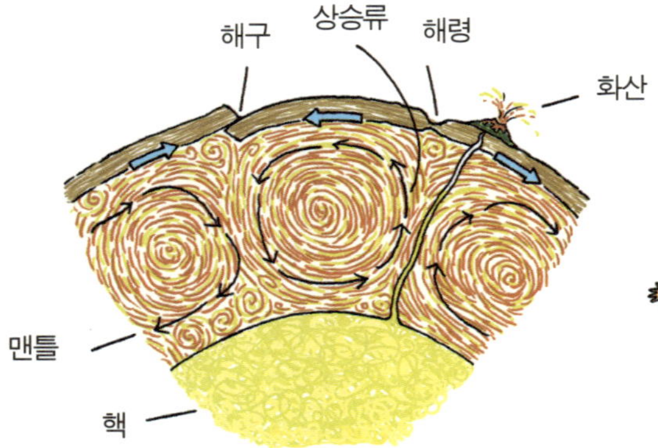

각끼리 서로 부딪치면 큰 진동이 일어나 지진이 일어나게 됩니다.

둘째, 화산이 폭발하면 지진이 일어나게 됩니다. 화산이 폭발하는 힘 때문에 생긴 진동으로 지진이 일어나기도 하지요.

셋째, 지구 내부의 힘 때문에, 지각이 휘어지거나 끊어지게 되면서 생기는 진동 때문에 지진이 일어납니다.

대륙이동설

우리가 살고 있는 땅은 예전에는 판게아라고 하는 하나의 큰 대륙이었다고 합니다. 3억 년 전에 대륙이 뭉쳐서 하나의 큰 대륙인 판게아가 만들어졌지요.

하나였던 큰 대륙은 1억 3000만 년 전인 쥐라기 시대부터 조금씩 나뉘기 시작했습니다. 그때부터 계속 조금씩 이동한 결과 현재 대륙의 모습이 된 것입니다. 지금 대륙은 유라시아, 북아메리카, 남아메리카, 아프리카, 남극, 오스트레일리아 이렇게 여섯 개의 땅덩어리로 나뉜 모습입니다.

지금도 오스트레일리아와 남극을 제외한 다섯 개 대륙은 조금씩 움직이고 있다고 합니다. 이렇게 대륙이 움직이면서 대륙의 경계면끼리 서로 부딪치게 되면 진동이 생겨 지진이 일어나게 됩니다.

대륙들이 하나의 땅덩어리였다가 지금의 모습처럼 여섯 개로 나누어졌다고 주장할 수 있는 근거들이 있습니다.

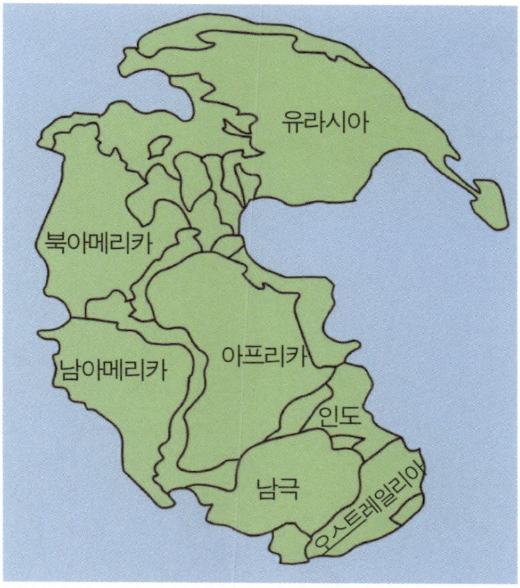

3억 년 전 대륙이 뭉쳐져 하나의 대륙인 판게아가 만들어졌다. ⓒ Geraki @the Wikimedia Commons

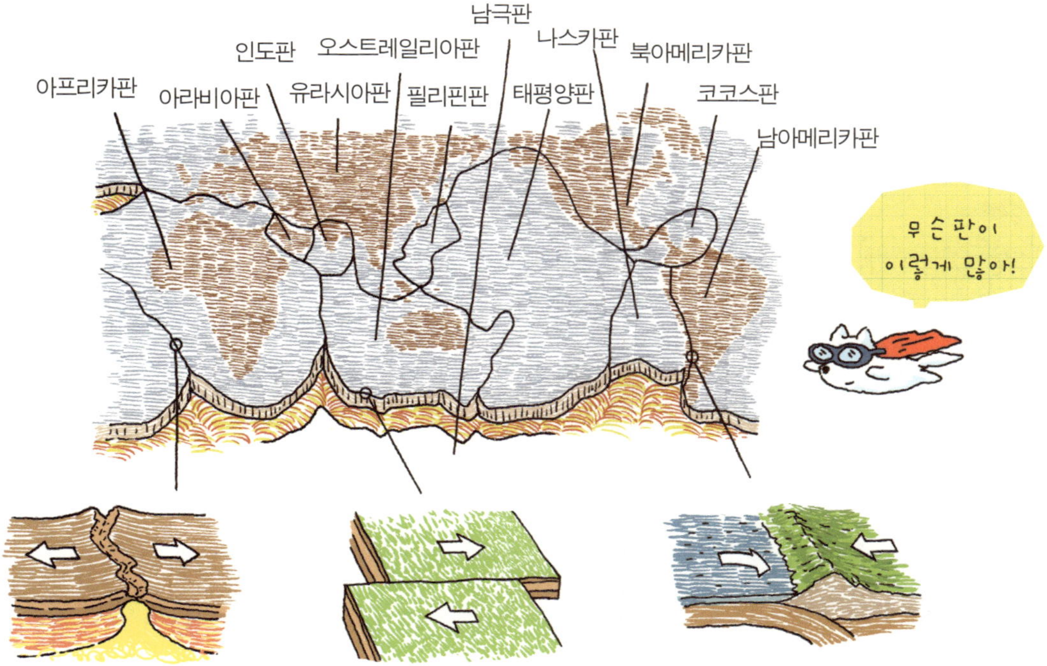

대륙의 경계면이 맞아 떨어지는 모습을 통해 예전에 대륙들이 하나의 땅덩어리였음을 추측할 수 있다.

빙하

추운 극지방에 있는 커다란 얼음 덩어리를 말합니다. 빙하가 차지하는 면적은 지구 육지의 약 10%이고 이들 중 대부분은 남극 대륙과 그린란드에 존재합니다. 지구의 빙하가 모두 녹으면 해수면이 약 60m 정도 상승할 것으로 예상됩니다.

첫 번째 증거는 북아메리카, 남아메리카, 유럽 및 아프리카의 대륙들을 퍼즐처럼 맞추어 보면 하나의 대륙으로 잘 합쳐진다는 점입니다. 예전에 이 대륙들이 하나로 뭉쳐 있었다고 생각할 수가 있지요.

두 번째 증거는 대륙에서 발견되는 화석입니다. 대륙들을 합치면 같은 시대를 나타내는 지층들이 연결됩니다. 아프리카와 남아메리카에서 발견되는 중생대 때 만들어진 지층을 연결해 보면 지층들이

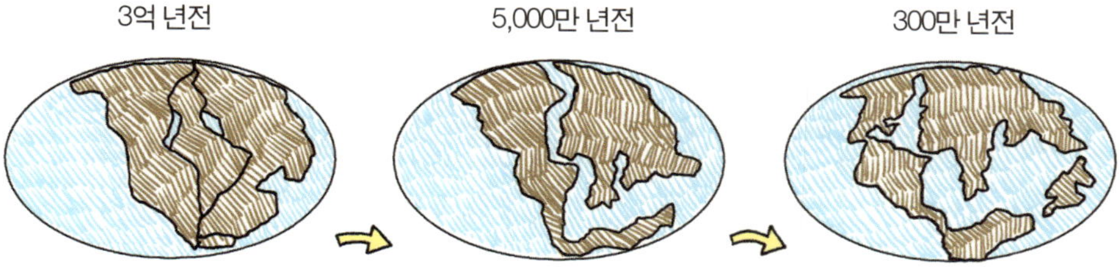

베게너의 대륙이동설.

연결되는 것을 발견할 수가 있지요. 이것은 과거에 지층들이 한 덩어리 대륙에서 함께 형성된 것을 의미합니다. 서로 마주보고 있는 대륙의 가장자리에서 같은 화석이 발견되는 것이 그 증거입니다.

세 번째 증거는 빙하의 흔적입니다. 적도 바로 아래 부근에서 남반구 쪽으로 빙하의 흔적이 발견되는데, 적도 부근에서 빙하가 녹지 않고 있었다는 것은 말이 안 되는 일이지요. 이것은 이 대륙이 예전엔 남극 부근에 있었다가, 적도 부근으로 이동하게 되면서 빙하가 녹게 된 것이라고 생각하는 근거가 됩니다.

대륙이 움직인다고 처음 주장한 사람이 바로 나라고.
베게너

TIP 요건 몰랐지?

땅이 움직인다고 주장한 베게너

"우리는 진실을 밝히기를 꺼리는 피고를 대하는 판사의 심정으로 상황 증거로부터 진실을 밝혀야 한다."라고 말한 독일의 학자 알프레트 베게너는 우연한 기회에 땅덩어리가 예전에는 하나로 뭉쳐 있었을 것이라는 생각을 하기 시작했습니다.

1910년 베게너는 기상청에서 일했습니다. 그런데 세계 지도를 보다가 우연히 대서양의 양쪽 해안선의 모양이 서로 퍼즐처럼 맞춰진다는 것을 발견했지요. 그래서 베게너는 '원래 두 대륙은 하나가 아니었을까?' 라고 생각해봤습니다. 그때부터 대륙 짜 맞추기의 수수께끼를 풀기 시작했습니다. 마침내 본인조차 믿기 어려웠던 아이디어로 과거에 하나였던 대륙들이 움직였을지 모른다는 가능성을 증명해 나갔습니다.

기상학자이면서 탐험가이기도 했던 베게너는 수없이 여행하며 증거를 모으기 시작했습니다. 대서양을 사이에 둔 양쪽 대륙의 해안을 조사해서 그곳에 분포하는 암석들이 같은 시기에 만들어졌으며, 같은 종류의 생물들이 살고 있다는 것을 알게 되었을 때 자신의 생각을 확신하게 됐습니다.

그 결과를 1912년 프랑크푸르트 암마인 학회에서 발표하고, 1915년 소책자인 《대륙과 해양의 기원》이라는 책에서 수억 년에 걸쳐 감추어진 지구의 진실을 세상에 공개하였는데, 이로 인해 20세기 들어와 가장 격렬한 논쟁을 불러일으키게 되었습니다. 그 후에 베게너는 50번째 생일을 맞이하는 1930년에 세 번째이자 마지막이 되어 버린 그린란드 탐사에서 행방불명이 되었습니다.

그는 바로 전해인 1929년 《대륙과 해양의 기원》 4판을 발간하면서 그동안 수집한 증거와 이론을 보완하기에 이르렀습니다. 하지만 베게너는 대륙이 움직일 만한 거대한 힘에 대해 설명할 수가 없었습니다. 대륙이 이동했다는 증거는 있지만, 어떻게 이동하게 되었는지 설명할 수가 없었던 것입니다. 그래서 다른 학자들은 베게너의 주장을 확신하지 않았고, 오히려 그를 비웃기만 했습니다.

베게너의 의견에 관심이 있던 영국의 홈스 교수가 1928년에 맨틀이 조금씩 움직이며 지각을 움직이게 한다는 맨틀대류설을 발표하며 베게너의 주장에 힘을 실어주려고 했지만, 다른 학자들은 홈스의 주장마저도 얼토당토 않는 이야기라며 웃음거리로 생각하고 말았습니다. 그런데 지금은 두 학자의 의견이 옳다는 것이 모두 증명되었습니다.

베게너는 우리가 살고 있는 땅이 예전에 한 덩어리로 붙어 있다고 주장했다.

지진을 예고하는 현상

평소와 다른 자연 현상

지진이 일어나기 전에 지진을 예상할 수 있는 방법이 있다고 합니다. 지진이 일어나기 전에는 어떤 일들이 벌어질까요?

지진이 일어나기 전에 약한 지진이 일어나서 큰 지진이 올 것이라는 것을 알려 줍니다. 힘이 센 지진이 일어나기 전 일어나는 약한 지진을 예진이라고 합니다.

땅속에서는 소리가 나기도 합니다. 뭔가 터지는 소리가 나기도 하고, 또 거센 바람 소리같이 땅이 울리는 소리가 나기도 합니다. 호수나 우물처럼 고여 있던 물이 갑자기 없어지거나, 물의 높이가 높아지거나 낮아지는 변화가 생깁니다.

하늘 위에 요상한 구름 모양이 나타나기도 합니다. 이 구름은 바람이 불어도 날아가지 않고 30분도 넘게 같은 자리에 머물러 있습니다.

지진을 미리 알고 불안해 하는 동물들

지진이 일어나기 전에 동물들은 지진이 일어날 것을 감지한다고 합니다. 동물은 사람보다 감각이 예민하기 때문에 지진이 일어나기 전에 나타나는 징후들을 몸으로 잘 느끼는 것이지요. 지진이 일어나기 전에 가장 예민하

게 반응하는 동물들은 바로 새와 곤충입니다. 새들은 지진이 일어나기 전에 미리 알아채고 멀리 날아 다른 곳으로 이동합니다.

또 물고기를 보고도 알 수가 있는데, 그곳에 살고 있지 않던 낯선 물고기 떼나 바다 아주 깊은 곳에 살고 있는 심해어류들이 나타나기도 합니다. 그래서 지진 전과 후로는 물고기가 잡히는 양이 두 배 정도로 늘어나기도 합니다. 잉어나 메기는 지진이 일어날 것을 예상해서 수면으로 뛰어오르는 아주 거친 행동을 보이기도 합니다.

겨울잠을 자야 할 뱀은 지진이 일어날 징후가 보이면 불안함을 느껴 잠

심해어류

빛이 전혀 투과되지 않는 수심이 200m 이상에 사는 어류로서 약 1,300종이 있습니다. 심해어들이 사는 환경은 수압이 매우 높고 빛의 양이 적거나 아예 없으며 먹이를 구하기가 어렵습니다.

을 자지 못하고 밖에 나와 있다가 얼어 죽기도 합니다. 또 평소에 살고 있던 곳이 아닌 곳에서 똬리를 틀고 움직이지 않는 뱀을 발견할 수도 있습니다. 개구리도 뱀처럼 겨울잠을 자지 못하고 얼어 죽기도 하고, 떼를 지어서 다른 곳으로 이동하는 경우도 있습니다. 1976년에 중국 탕산에서 대지진이 일어나기 몇 시간 전부터 개구리 떼가 이동하는 모습이 보였다고 합니다.

평소에 온순하던 개들이 매섭게 짖으며 날뛰기도 하고, 고양이는 안절부절못하고 높은 나무 위로 올라가곤 합니다. 쥐들은 지진을 감지하고 떼로 다른 곳으

지진을 먼저 예감한 동물들은 불안함에 안절부절못하며, 자신의 몸을 피하려고 노력한다.

로 이동하기 때문에 쥐들이 갑자기 사라지는 경우도 있습니다. 1995년 일본 고베 대지진 때는 쥐떼 때문에 골치를 앓고 있었는데, 지진을 피해 쥐떼들이 한꺼번에 사라져 버렸다고 합니다. 동물들의 행동만 잘 지켜보더라도 지진이 오는 것을 예상할 수 있겠지요?

Q&A 꼭 알고 넘어가자!

문제 1 지구의 내부는 어떻게 구성되어 있나요?

문제 2 어떤 경우에 지진이 발생할까요?

됩니다. 화산이 폭발하는 힘 때문에 진동이 생기기 때문입니다. 지구 내부의 힘 때문에, 지각이 휘어지거나 끊어지게 되면서 생기는 진동 때문에 지진이 일어나기도 합니다.

3. 지진이 일어나기 전에 약한 지진이 일어나서 큰 지진이 올 것이라는 것을 알려줍니다. 사람보다 감각이 예민한 새와 곤충은 멀리 다른 곳으로 이동합니다. 낯선 물고기 떼나 바다 아주 깊은 곳에 살고 있는 심해어류들이 나타나기도 합니다. 겨울잠을 자야 하는 뱀이나 개구리가 불안해서 겨울잠에서 깨는 바람에 얼어 죽기도 합니다.

문제 3 지진이 일어나기 전에 어떤 현상을 관찰할 수 있나요?

정답

1. 지구는 겉 부분에서부터 지각, 맨틀, 외핵, 내핵으로 나눌 수 있습니다. 지각은 우리가 살고 있는 부분으로, 두께가 가장 얇습니다. 바다 위로 나와 있는 부분은 대륙 지각, 바닷속에 있는 해양 지각이라고 합니다. 지각 밑에 자리 잡고 있는 맨틀은 아주 조금씩 천천히 움직이는 '유동성 고체'이기 때문에, 맨틀 위에 있는 지각을 이동시키기도 합니다. 지하 약 2,900㎞에서 약 5,100㎞까지를 외핵, 지하 약 5,100㎞에서 지구의 중심인 약 6,400㎞ 지점까지를 내핵이라고 합니다.

2. 맨틀은 유동성 고체이기 때문에 조금씩 움직입니다. 그 위에 있는 지각도 따라서 움직이게 되면서 지각끼리 서로 부딪치게 되는데 이때 큰 진동이 일어나 지진이 됩니다. 그리고 화산이 폭발하면 지진이 일어나게

관련 교과

초등 4학년 2학기 **4. 화산과 지진**

중학교 1학년 **8. 판 구조론과 지각 변동**

2. 지진으로 생기는 일

지진이 일어나면 어떤 일들이 생길까요? 땅이 흔들리게 되면서 건물이 부서지기도 하고, 자동차가 뒤집히기도 합니다. 많은 사람이 다치게 되지요. 이러한 피해를 막으려면 어떻게 해야 할까요? 지진이 일어나면서 생기는 일과 지진으로부터 안전하게 대비하는 법에 대해 알아봅시다.

지진의 시작

진원과 진앙

지진은 땅속 깊은 곳의 힘 때문에 생기는 현상입니다. 땅속 깊은 곳 진동이 일어나는 지점을 진원이라고 합니다. 지진이 일어나는 원인이 되는 곳이라는 뜻이지요.

지진은 진원의 바로 위에 있는 부분인 진앙에서 가장 심하게 일어납니다. 진앙은 진원 부분에서 일직선으로 위로 올라간 지각의 표면 부분을 말

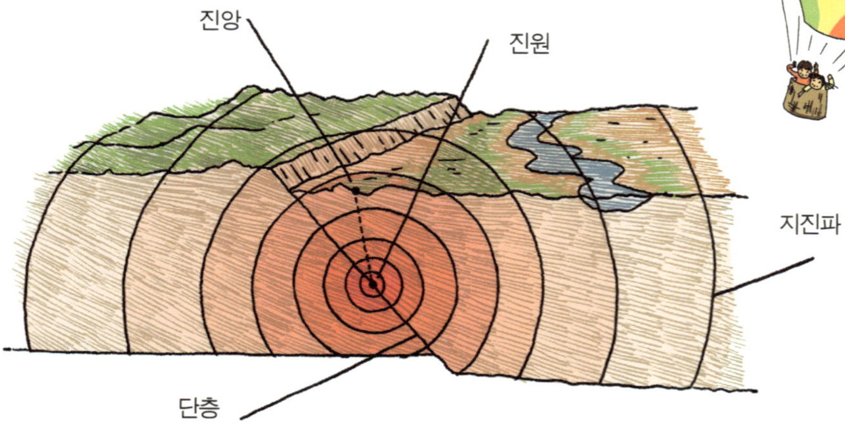

지진이 일어나면 진앙을 중심으로 땅의 진동이 퍼져 나간다.

합니다. 진앙 부근에서부터 지진의 진동이 옆으로 퍼져 나갑니다. 지진의 세기는 진앙 부분에서 가장 크고, 점점 멀리 퍼져 나갈수록 그 힘은 점점 약해지게 됩니다.

지진은 시작한 깊이에 따라서 심발 지진, 천발 지진으로 나눌 수 있습니다. 심발 지진은 땅속 깊은 곳에서 시작되는 지진을 말하는 것으로, 지각의 깊은 곳에 진원이 있습니다. 천발 지진은 지각과 가까운 곳에 진원이 있는 지진을 말합니다. 그래서 천발 지진의 힘이 더 많이 퍼져 나갈 수 있기 때문에 천발 지진이 일어났을 때 피해가 더 큰 경우가 많이 있습니다.

하지만 지진의 세기가 꼭 진원의 깊이에 따라 달라진다고는 할 수 없습

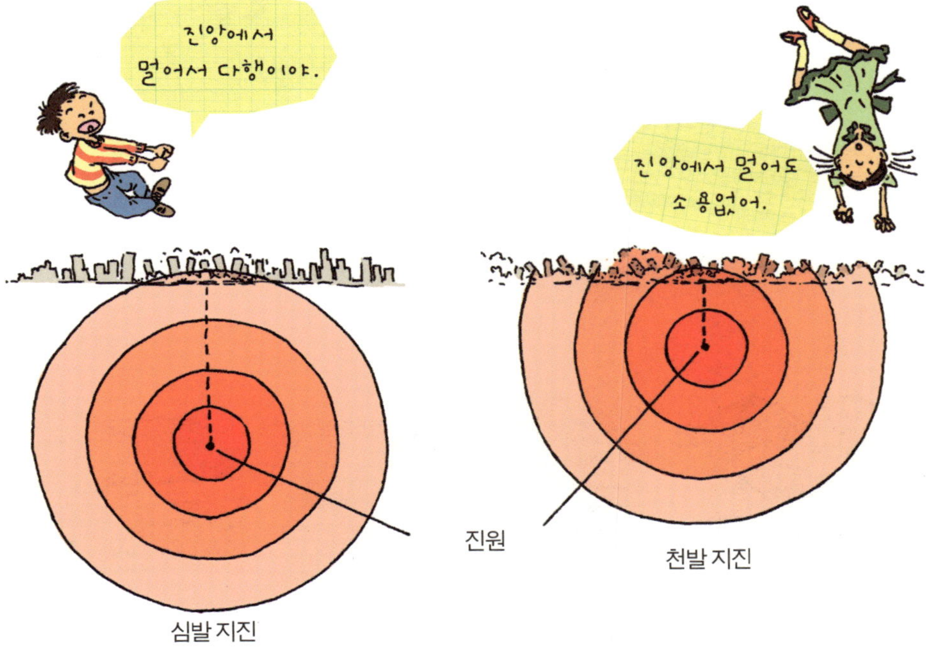

진원에서 멀어질수록 피해 정도는 낮아진다.

니다. 지구 내부에서 똑같은 크기의 힘이 발생했다고 하더라도, 지각이 끊어지거나 튕기면서 내는 힘에 따라 지진의 세기가 달라지기 때문입니다.

단층

지진이 일어나는 이유 중 하나로, 지각의 지층이 끊어지면서 생기는 진동이 있습니다. 지층은 지구 내부의 힘을 받으면, 휘어지거나 끊어지기도 합니다. 지구 내부에서 지층을 안쪽으로 미는 힘이 가해지면 지층은 휘어져서 습곡을 만들거나, 끊어져서 역단층을 만들어 냅니다. 지구 내부에서 지층의 양쪽 끝을 잡아당기는 힘이 가해지면, 지층은 끊어져서 정단층을 만들어 냅니다.

니들, 정단층이
왜 생기는 줄
알아?

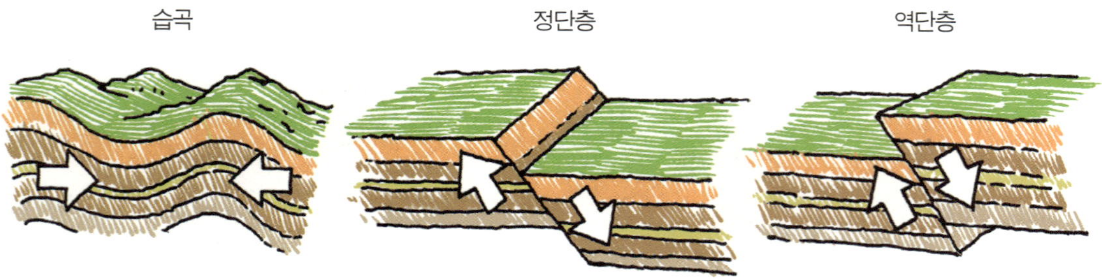
습곡
정단층
역단층

지층의 습곡, 정단층, 역단층. 지구 내부의 힘이 가해지면, 지층은 갈라지거나 휘어진다.

지층이 끊어지면서 생기는 진동 때문에 땅이 흔들리는 지진이 생기는 것입니다.

지진의 크기

지진의 크기를 측정할 수 있는 방법이 있습니다. 땅이 흔들리는 정도에 따라 지진의 크기를 나눈 것을 '진도'라고 하지요. 세계적으로 지금 널리 사용되고 있는 '수정 메르칼리 진도'는 아주 예민한 극소수의 사람만이 느낄 수 있는 진도 1의 지진부터 지면이 바닷가의 파도처럼 움직이는 진도 12까지 지진의 정도를 12등급으로 나누었습니다. 지진의 정도에 따라 나타나는 현상들을 사람이 느낄 수 있는 정도와 건물이 흔들리는 정도에 따라 12계급으로 나누어 놓은 것입니다.

습곡

지층이 물결 모양으로 주름이 지는 현상입니다. 나란한 퇴적 지층이 지층의 양쪽에서 미는 힘을 받게 되면 휘어지면서 주름이 생기게 되는데, 이러한 구조를 습곡이라 합니다.

- 진도 1 : 극소수의 사람을 제외하고는 거의 느낄 수 없습니다.
- 진도 2 : 건물 위층의 몇 사람만 느끼고 매달린 물체가 약간 흔들립니다.
- 진도 3 : 건물 위층에서 뚜렷하게 느껴지지만, 지진이라고 인식하지 못합니다. 커다란 트럭이 옆에 지나가는 것과 같은 진동이 있습니다.
- 진도 4 : 실내의 많은 사람이 느끼고 그릇이나 창문 등이 흔들리고 벽이 갈라지는 소리를 냅니다.
- 진도 5 : 거의 모든 사람이 느끼고 약간의 그릇과 창문 등이 깨질 수 있습니다.

진도 4

진도 8

• 진도 6: 모든 사람이 느끼며 많은 사람이 놀라서 밖으로 뛰쳐나올 정도입니다.

• 진도 7: 모든 사람이 밖으로 뛰쳐나오고 부실한 건축물에서는 큰 피해를 입습니다. 운전자도 진동을 느낍니다.

• 진도 8: 굴뚝, 기둥, 기념비, 벽돌 등이 무너지고 일부 건축물에 상당한 피해가 발생하며 창문이 떨어져 나갑니다.

• 진도 9: 튼튼하게 설계된 구조물에 상당한 피해를 주며 땅에 금이 명백하게 가며 지하 파이프가 부러집니다.

• 진도 10: 대부분의 구조물이 무너지며, 기차선로가 휘어지고 산사태

진도 11

가 발생합니다.

- 진도 11 : 구조물이 거의 파괴되고, 다리가 무너지고 지하 파이프가 완전히 파괴됩니다.
- 진도 12 : 지표면이 물결치듯 파동을 보이고, 거의 모든 것이 파괴되며 물체들이 공중으로 튀어오릅니다.

지진의 피해

지진으로 생기는 일

지진이 일어나면, 땅이 흔들리면서 주는 충격 때문에 건물이 흔들리거나 금이 가고, 심한 경우에는 건물이 무너지기도 합니다. 또 땅이 흔들리거나 갈라지면서 길을 걷던 사람이 넘어지기도 하고, 쌩쌩 달리던 자동차가 뒤집힐 수도 있습니다. 땅속에 연결선을 묻어두었던 전기나 수도가 고장이 나고, 화재가 나지요. 커다란 산이 무너지는 산사태가 나기도 하고, 바닷물이 육지를 덮는 해일이 일어나기도 합니다.

지진으로 건물이 부서졌다. ⓒ Martin Luff @the Wikimedia Commons

그 외에도 도로를 받치고 있는 땅이 주저앉으면서 도로가 내려앉거나 끊어지는 현상이 일어납니다. 기차선로 밑의 땅이 주저앉아 철길이 공중 뜬 상태가 되는 경우도 있습니다. 또한 지진이 계속 이어질 수 있기 때문에 대피한 사람들이 돌아와서 피해를 복구하고 원래의 생활로 돌아가는 데에 많은 시간이 걸립니다.

지진의 피해를 줄이는 방법

지진이 자주 발생하는 나라에서는 건물을 지을 때부터 지진에도 견딜 수 있도록 건물을 설계하여 튼튼하게 짓습니다. 이런 튼튼한 건물이라면 지진이 일어나도 건물 안으로 안전하게 대피할 수 있습니다.

지진이 일어났을 때 건물 안에 있다면, 머리를 보호하고 벽면이 많은 쪽으로 피해야 합니다. 건물에 있는 유리가 깨지거나, 물건이 떨어질 수도 있

지진으로 해일이 일어났다. ⓒ MnocaSP54 @the Wikimedia Commons

기 때문입니다. 수도관과 가스관은 잠그고 전기 퓨즈를 내려야 합니다. 지진으로 인해 수도관과 가스관이 터지고 전기선이 끊어지면서 화재가 일어날 수도 있기 때문입니다.

무거운 물건이 떨어지면 더 큰 사고로 이어질 수 있기 때문에, 평소에 무거운 물건들은 높은 곳에 두지 않고 낮은 곳에 보관하는 것이 좋습니다. 창문이나 발코니로부터도 멀리 떨어져 있어야 합니다. 건물 안에서 대피할 때에는 고장 나서 갇힐 위험이 있으므로 엘리베이터를 이용하지 말고 비상계단을 통해 대피해야 합니다.

지진이 일어났을 때 학교에 있다면 책상 밑에 들어가 몸을 웅크려야 합니다. 그리고 넘어지는 선반이나 책장으로부터 멀리 피하여 몸을 보호해야 합니다. 선생님 지시에 따라 행동하면서, 침착하게 운동장으로 대피하세요.

오랫동안 지진이 계속되면 안전한 곳으로 대피해야 한다.

만약에 지진이 일어났을 때 건물 밖에 있다면, 머리를 보호한 채로 붕괴할 위험이 있는 곳에서 가능한 한 멀리 떨어져야 합니다. 건축물이 붕괴하면서 떨어지는 돌이나 쇳덩어리들이 몸을 덮칠 위험이 있기 때문입니다.

붕괴

무너지고 깨져서 원래의 형태가 변형되어 버리는 것을 말합니다. 지진으로 건물이나 다리가 부서지는 것이 대표적인 예입니다.

지진이 멈추거나 무사한 곳으로 구출되기까지 라디오 방송에 귀를 기울이고 침착하게 행동해야 합니다. 바닷가에 있을 때에는 지진 후에 해일이 밀려올 수 있으므로 높은 곳이나 바닷가에서 먼 곳으로 대피해야 합니다.

TIP 요건 몰랐지?

지진에도 무너지지 않는 건물

지진이 일어나도 무너지지 않는 건물이 있습니다. 특히 지진이 자주 발생하는 일본이나 캘리포니아에서는 해마다 겪는 지진의 피해를 최소화하기 위해서 건물을 지을 때 지진을 견뎌 낼 수 있는 구조로 설계합니다. 이렇게 지진을 견뎌 낼 수 있게 건물을 설계하는 것을 내진 설계라고 합니다.

내진 설계로 지은 건물은 지진이 일어날 때 일종의 스프링 장치를 이용해 흔들리는 구조나, 벽 사이에 고무를 대서 충격을 완화할 수 있는 구조로 짓습니다. 바닥이나 옥상, 벽 등이 강화되며, 수도, 가스 등 배관 시설의 변형이 가능합니다. 또 가구들이 바닥에 고정되어 지진이 일어나 건물이 흔들려도 가구들이 쓰러지지 않도록 하거나, 지진을 감지하면 건물 밑에 설치한 장치에 공기를 주입해서 건물 전체를 띄워서 지면의 진동을 차단할 수 있는 내진 건물도 있습니다.

지진 피해의 사례

한국에 일어난 지진

1905년 인천에 최초로 지진계가 설치되었으며, 그 이전에 한반도에서 발생한 지진들은 《삼국사기》, 《고려사》, 《조선왕조실록》 등의 사료에 기록되어 있습니다. 서기 1세기부터 1982년까지 한반도와 그 주변에는 지진이 대략 2,380번 일어났다는 기록이 있어요. 여기서 주목할 만한 현상은 15~18세기의 매우 높은 지진 활동입니다. 이 기간 동안 한반도에서 집중적으로 발생한 지진은 외국의 지진학 교과서에 실릴 정도로 엄청났습니다.

1779년에 경주에서 발생한 지진 때에는 지진에 의한 국내 최대 인명 피해가 발생했습니다. 당시 집들이 무너져서 100여 명이 사망했다는 기록이 남아 있습니다. 지진계가 설치된 이후에는 큰 지진이 두 번 발생했습니다. 1936년 7월 4일 지리산 쌍계사 지진과 1978년 10월 7일 홍성 지진입니다. 이 지진들의 규모는 대략 5.2 정도이며 모든 사람이 지진이 일어났다는 것을 느낄 수 있을 정도로 건물과 물건들이 흔들렸습니다.

인명 피해

지진, 해일, 화재 등 각종 재난으로 사람이 다치거나 죽는 피해를 말합니다. 재해를 미리 대비하면 피해를 줄일 수 있습니다.

지진계

지진의 진동을 자동적으로 기록해서 지진의 세기를 측정하는 도구입니다. 지진이 발생하여 모든 부분이 움직여도 무거운 추는 움직이지 않기 때문에 이를 통해 지진을 기록할 수 있습니다.

15~18세기에 아주 활발한 활동을 보인 한반도 지진 활동은 현재 주춤한 상태이지만, 앞으로 다시 지진 활동이 또 언제 활발해질지 예측하기는 힘듭니다.

세계의 지진

리스본 지진은 1755년 11월 1일 오전에 발생한 지진입니다. 이 지진은 세 차례에 걸쳐서 포르투갈, 에스파냐, 아프리카 북서부 일대를 강타한 대지진이었지요. 그때까지 지진을 제대로 경험해 보지 못했던 유럽 사람들은 엄청난 혼란에 빠졌습니다. 수많은 사람이 죽고, 건물도 파괴되었지요. 이 지진은 9시 40분경에 처음 일어난 지진이 가장 강한 피해를 주었습니다. 마침 포르투갈의 수도 리스본에서는 만성절 행사를 위해서 사람들이 교회

지금도 세계 곳곳에서 지진이 일어나고 있다.

지진이 발생할 당시 샌프란시스코 시청의 모습.

에 모여 있었는데, 그중 7만여 명이 사망했습니다.

두 번째 지진으로 항구의 부두가 바닷속에 가라앉고, 곳곳에 산사태가 일어나고, 지진 해일이 덮쳐서 엄청난 피해가 발생했습니다. 이 지진으로 리스본이 가장 큰 피해를 받았지만, 주변의 여러 유럽 국가에까지 지진의 영향이 미쳤습니다.

이 엄청난 지진으로 커다란 피해가 있기도 했지만, 지진이 왜 발생하는지도 전혀 모르고 있어서 더욱더 혼란스러웠을 것입니다. 이를 계기로 많은 사람이 지진에 대한 연구를 시작하게 되었습니다.

1906년 4월 18일 새벽 5시 12분에 캘리포니아 북부 살리나스와 포트브래그 사이에서 두 번의 지진이 일어났습니다. 첫 번째 지진은 40초 동안 계속됐습니다. 그리고 10초 후 두 번째 지진이 20초 동안 발생했습니다. 이

지진의 강도는 리히터 규모 8.4의 강진이었는데, 굴뚝이나 건물의 벽을 무너뜨리고 땅속에 묻어두었던 파이프들이 부러질 정도의 지진이었습니다. 지진이 발생한 시간은 40초, 20초로 짧았지만, 그 짧았던 지진의 여파가 남아 그날 온종일 약한 지진들이 계속 발생해서 건물이 5,000채나 무너졌습니다. 특히 모래가 많은 무른 땅 위에 지은 건물들이 무너졌어요. 도로가 끊어지고 전차의 선로들이 끊어지거나 휘어지는 바람에 다른 지역으로 이동하기가 힘들어졌습니다.

게다가 계속되는 화재로 추가 피해가 이어졌습니다. 이 지진으로 인해 74시간 동안 화재가 계속되어 450명이 죽고, 샌프란시스코 전체의 1/3가량이 되는 건물 2만 8,000채가 무너지는 손해가 발생했습니다. 이 지진으로 미국의 지진 연구를 위한 미국지진학회가 탄생하게 되었습니다.

1923년 일본에서 일어난 간토 대지진 때는 지진과 더불어 일어난 큰 화재 때문에 피해가 더 컸다.

1923년 9월 1일 오전 11시 58분에 일본의 간토 지방에서는 가나가와 현 중부에서 사가미 만 동부, 보소 반도 일대를 진원지로 한 대지진이 일어났습니다. 지진의 강도가 리히터 규모 8.2로 무척 강력한 지진이었지요.

목조 가옥

나무로 만든 집입니다. 나무는 불에 쉽게 타기 때문에 지진 때문에 화재가 발생할 경우 목조 가옥의 피해는 클 수밖에 없습니다.

지진이 일어난 시간이 하필 점심시간이었기 때문에 불을 사용하여 요리하고 있던 곳곳에서 큰 화재가 발생하여 일본의 심장부였던 게이힌 지역은 순식간에 큰 타격을 받게 되었습니다. 지진의 피해는 남간토 일대를 중심으로 서쪽으로 시즈오카, 야마나시 두 현의 동부에까지 미치게 되었습니다.

1일에 일어난 첫 지진 이후 5일 오전 6시까지 인체에 느껴진 여진이 936회나 되고, 해안 지대에서는 해일의 피해도 있었습니다. 또한 지진이 일어난 순간 전화선이 끊어지면서 전화는 불통이 되었고, 교통 기관은 파괴되었으며, 수도와 전기도 끊기게 되었습니다. 도쿄에서는 아주 큰불이 일어나서 도심에 있는 건물들을 밤새도록 태우면서 그 불이 9월 3일 새벽까지 계속되었습니다. 이 큰 화재로 기온이 상승하여 도쿄의 밤 기온이 46℃까지 오르기도 했습니다. 이때 집 대부분이 목조 가옥이었고, 제대로 도시 계획이 되어 있지 않아서 그 피해는 더 클 수밖에 없었습니다.

사람이 만들어 내는 지진

땅속에서 일어나는 엄청난 힘 때문에 지진이 일어나지만, 사람이 만들어 내는 지진도 있습니다.

폭발물을 설치해서 폭발하는 충격으로 인해 지진이 일어나게 할 수 있습니다. 지진 실험을 하거나, 일부러 건물을 부숴야 할 때는 사람들에게 피해가 가지 않도록, 사람이 살지 않는 곳에서 실시합니다. 이때 일어나는 진동이 지진 때 일어나는 진동과 같다고 합니다. 폭발물을 이용해 지진을 만들어 낼 때에는, 지진을 발생시키는 시간과 크기 등을 마음대로 조절할 수가

건물을 폭파하면 지진 때와 똑같은 진동이 생긴다. ⓒTannoy @the Wikimedia Commons

있기 때문에 사람들이 필요한 만큼의 지진을 만들어 낼 수 있습니다.

땅속에 갑자기 많은 양의 물이 들어가게 되면, 땅속에 있던 암석들이 그 힘을 받게 되어서 암석에 진동이 생겨 지진이 생기게 됩니다. 사람들이 갑자기 많은 양의 물을 버리게 되면 그 힘 때문에 여러 번의 지진이 생깁니다.

저수지는 물을 저장하는 곳입니다. 저수지에 한꺼번에 물을 많이 저장하면 고인 물이 암석을 누르는 힘 때문에 지진이 생기기도 합니다. 이것도 사람이 지진을 만든 경우이지요.

Q&A 꼭 알고 넘어가자!

문제 1 심발 지진과 천발 지진을 설명해 보세요.

문제 2 건물 안에 있을 때 지진이 발생하면 어떻게 대처해야 할까요?

3. 내진 건물은 지진이 일어날 때 일종의 스프링 장치를 이용해 흔들리는 구조로 지어지는데, 벽 사이에 고무를 대서 충격을 완화한 건물도 있습니다. 가구들이 바닥에 고정되어 지진이 일어나 건물이 흔들려도 가구들이 쓰러지지 않도록 한 내진 설계를 하거나, 지진을 감지하면 건물 밑에 설치한 장치에 공기를 주입해서 건물 전체를 띄워서 지면의 진동을 차단할 수 있는 건물도 등장했습니다.

문제 3 지진을 대비해서 지은 '내진 건물'이 늘어나고 있습니다. 내진 건물은 어떻게 만들까요?

정답

1. 심발 지진은 땅속 깊은 곳에서 시작되는 지진을 말하며, 지각의 깊은 곳에 진원이 있습니다. 천발 지진은 지각과 가까운 곳에 진원이 있는 지진을 말합니다. 천발 지진의 힘이 더 많이 퍼져 나갈 수 있기 때문에, 천발 지진이 일어났을 때 피해가 더 클 가능성이 높습니다.

2. 머리를 보호하고 벽면이 많은 쪽으로 피해야 합니다. 건물에 있는 유리가 깨지거나, 물건이 떨어질 수도 있기 때문입니다. 평소에 무거운 물건들은 높은 곳에 두지 않고 낮은 곳에 보관하는 것이 좋습니다. 수도관과 가스관은 잠그고 전기 퓨즈를 내려야 합니다. 지진으로 인해 수도관과 가스관이 터지고 전기선이 끊어지면서 화재가 일어날 수도 있기 때문입니다.

관련 교과

초등 4학년 2학기 **2. 지층과 화석**

중학교 1학년 **8. 판 구조론과 지각 변동**

3. 해일

지진이 발생하면서 사람들을 무섭게 하는 것이 또 있습니다. 바로 지진 해일이지요. 지진 해일은 지진이 일어나면서 생긴 진동 때문에 바다의 파도가 아주 거세게 몰아쳐서 육지를 덮어 버리는 것을 말합니다. 커다란 파도가 육지를 덮치는 해일에는 지진 때문에 일어나는 지진 해일과 폭풍 때문에 일어나는 폭풍 해일이 있습니다.

지진 해일이 일어나는 이유

바다 깊은 곳에서 지진이 일어났을 때 지진 해일이 발생합니다. 바다 깊은 곳에서 일어난 지진으로 인해 수심이 얇아지면서 파도의 속도가 느려지게 되고, 뒤따라오는 파도와 합쳐지면서 파도가 순간적으로 높아지게 됩니다.

두 개의 지각이 서로 만났을 때, 하나의 지각이 갑자기 위로 치솟아 올라가는 경우에 바로 위의 바닷물이 순간적으로 힘을 받아 커다란 파도가 만들어져 해일이 일어납니다. 2004년도 12월에 인도네시아, 스리랑카, 인도,

해일이 일어나면 커다란 파도가 육지를 덮친다.

두 개의 지각이 서로 부딪쳤을 때, 하나의 지각이 위로 올라가려는 힘 때문에 큰 파도가 만들어진다.

깊은 바닷속에서 산사태가 일어나면서, 그 힘이 바닷물에 전해져 큰 파도가 일어난다.

타이 등에서 일어난 동남아시아 지진 해일도 이런 원리로 일어나게 된 것입니다. 바닷속에서 지진이 일어나더라도 얕은 바다에서 일어나는 지진은 큰 해일을 불러오지 않지만, 깊은 바닷속에서 일어나는 지진은 그 힘이 더 해져서 큰 해일을 불러오게 됩니다.

바닷속에서 산사태가 일어날 때도 지진 해일이 발생합니다. 이런 경우는 첫 번째보다 더 심각한 해일을 발생시킬 수 있습니다. 1956년 알래스카 리투야 만에서 이런 종류의 해저 산사태로 인하여 524m 이상의 해일이 일어난 적이 있습니다. 바닷속에서 산사태가 일어나게 되면 이때 만들어지는 힘이 바닷물에 전해져서 큰 힘을 받기 때문에 커다란 파도를 일으킵니다.

폭풍 해일

폭풍 해일은 폭풍의 영향 때문에 나타나는 해일입니다. 평소 바람보다 센 폭풍이 먼 바다에서 불어오게 되면 파도도 높아지게 되지요. 높은 파도는 해변까지 그대로 밀려오게 되고, 해변에 도달한 파도는 더 이상 앞으로 가지 못해서 실려 온 바닷물이 다시 바다 쪽으로 나가려고 할 것입니다. 이때 밀려오는 파도와 나가려는 바닷물이 합쳐지면서 파도는 더 커지고 거세지게 되어 큰 해일로 변하게 됩니다.

해일이 지나간 후의 모습들.

폭풍 해일은 바다 표면에서 일어나는 파도이기 때문에 바다 깊은 곳에서 시작되는 지진 해일과 비교했을 때, 그 힘이 세지는 않습니다. 그런데 해일이 발생한 곳에서는 파도가 1m 정도로 낮지만, 수면에 도달하게 되면서 15m의 높이로 급격하게 높아지기 때문에 갑자기 몰려오는 파도에 큰 피해를 입을 수 있습니다.

TIP 요건 몰랐지?

폭풍 해일을 감시하라

우리나라에서는 1997년 8월에 갑자기 들이닥친 해일로 서해안 연안에 바닷물이 넘쳐서 막대한 재산 피해를 입은 후 해일에 대한 높은 경각심을 느끼게 되었습니다. 또한 2003년 9월에 제14호 태풍 매미가 마산에서 2.58m, 여수에서 1.28m 높이의 높은 파도와 강한 비를 동반해 큰 피해를 입었고, 해마다 폭풍 해일에 대한 재산과 인명 피해가 커서 이를 방지하기 위한 폭풍 해일 감시 시스템이 필요해졌습니다. 그래서 2006년에 신속하고 정확하게 폭풍 해일을 감시해 피해를 예방할 수 있도록 하는 시스템을 마련하게 되었습니다.

이 폭풍 해일 예측 시스템은 여름철 태풍이 들이닥치는 시기에 우리나라를 둘러싼 서해, 남해, 동해 주변 해일 예측과 주요 연안의 18개 지점인 인천, 안흥, 보령, 군산외항, 목포, 대흑산도, 서귀포, 제주, 추자도, 완도, 거문도, 여수, 통영, 마산, 부산, 포항, 묵호, 울릉도의 폭풍 해일 예측을 위해서 우리나라 주변 해역을 포함하는 북서태평양 해역을 격자망으로 8구역으로 나눈 다음 24시간 내내 기상 변화를 집중적으로 관측하는 시스템입니다.

이러한 시스템을 통해 48시간 내에 들이닥칠 해일의 예측이 가능하게 되어 폭풍 해일이 덮치기 전에 대피할 수 있게 되었습니다.

1997년 8월 태풍 '위니' 의 모습.

남아시아 지진 해일의 피해

2004년 12월 26일 인도네시아 수마트라 섬 북부 서해안에서 지진 해일이 발생했습니다. 이날 수마트라 섬 북부 서해안 수십 킬로미터의 깊은 바닷속에서 규모 9.3을 기록한 아주 강한 지진이 발생했지요. 규모 9.3의 지진은 1960년에 발생한 칠레 지진의 규모 9.5에 이어 1900년 이후에 관측된 지진 중에서 두 번째 크기에 해당하는 큰 지진이었습니다. 이 지진의 세기는 수소 폭탄 270개의 위력과도 맞먹는 힘입니다.

이 지진 해일의 최대 피해지는 인도네시아 아체 주였습니다. 이밖에도 타이, 말레이시아, 미얀마, 몰디브, 방글라데시, 스리랑카, 인도 등 남아시아 지역과 케냐, 소말리아 등 동아프리카 지역에까지 그 피해가 전해졌습니다. 심각한 피해를 입은 반다아체 서해안에서는 해안으로부터 450m 떨어진 지역에서 높이 20m 이상 해일이 관측되기도 했습니다.

이 지진은 인도-오스트레일리아판이 유라시아판과 만나는 지점에서 발생했습니다. 지진을 일으키며 갈라진 지각의 크기는 길이 1,000㎞, 폭 200㎞ 정도로 아주 큰 규모였지요. 지진이 발생한 후 2시간쯤 후에 해일이 푸켓과 스리랑카에 도착하였고, 아프리카 동해안에는 8~12시간 후에 해일이 도달했습니다. 인도네시아 국가개발청은 인도네시아 11만 229명(행방불명 1만 2,132명), 스리랑카 3만 899명(행방불명 6,034명), 인도 1만 672명, 타이

남아시아 지진 해일 피해 현장.

5,303명(행방불명 3,396명), 소말리아 150명, 몰디브 81명, 말레이시아 68명, 미얀마 59명이 사망했다고 발표했습니다. 모두 15만 7,464명(행방불명 2만 7,303명)이 사망할 정도로 희생자 규모가 아주 엄청난 사건이었습니다.

한편 2005년 3월 28일 수마트라 섬 북부에서 규모 8.7의 지진이 또다시 발생했습니다. 이날 지진은 2004년 12월 26일 지진 지점의 남동쪽에서 발생했으며, 지진이 일어나게 한 갈라진 지각의 크기는 길이 250㎞, 폭 120㎞ 정도였습니다. 이 지역은 1861년, 1907년, 1941년에도 큰 지진이 발생했던 곳입니다.

Q&A 꼭 알고 넘어가자!

문제 1 지진 해일이 발생하는 원리를 설명해 보세요.

문제 2 폭풍 해일이란 무엇일까요?

3. 여름철 태풍이 들이닥치는 시기에 우리나라를 둘러싼 서해, 남해, 동해 주변 해일 예측과 주요 연안 지점인 18개 지점의 폭풍 해일 예측을 위해서 우리나라 주변 해역을 포함하는 북서태평양 해역을 격자망으로 8구역으로 나눈 다음 24시간 내내 기상 변화를 집중적으로 관측하고 있습니다. 이러한 시스템을 통해 48시간 내에 들이닥칠 해일의 예측이 가능하게 되어 폭풍 해일이 덮치기 전에 대피할 수 있게 되었습니다.

문제 3 우리나라 폭풍 해일 예측 시스템은 어떻게 운영되고 있을까요?

정답

1. 두 개의 지각이 서로 만났을 때, 하나의 지각이 갑자기 위로 치솟아 올라가는 경우에 바로 위의 바닷물이 순간적으로 힘을 받아 커다란 파도가 만들어져 해일이 일어납니다.

2. 폭풍 해일은 폭풍의 영향 때문에 나타나는 해일입니다. 평소에 불던 바람보다 센 폭풍이 먼 바다에서 불어오게 되면 파도도 높아지게 되지요. 높은 파도가 해변까지 그대로 밀려오고 해변에 도달한 파도는 더 이상 앞으로 가지 못해서 실려 온 바닷물이 다시 바다 쪽으로 나가려고 할 것입니다. 이때 밀려오는 파도와 나가려는 바닷물이 합쳐지면서 파도는 더 커지고 거세지게 되어 큰 해일로 변하게 됩니다.

관련 교과

초등 4학년 2학기 **2. 지층과 화석**

초등 4학년 2학기 **4. 화산과 지진**

4. 화산

지구 내부에서 불이 뿜어져 나오는 것을 화산이라고 합니다. 화산은 지각 사이로 뜨거운 용암을 분출해서 사람과 동물들에게 큰 피해를 주기도 합니다. 화산재가 하늘을 덮어 식물이 자라지 못하게도 하지요. 화산은 왜 폭발하고, 화산이 폭발하면 어떤 일이 일어나는지 알아봅시다.

화산 폭발

화산이란 땅속의 마그마가 지각의 약한 틈을 뚫고 터져 나오는 것을 말합니다. 마그마가 폭발하게 되면 화산이 만들어지지요. 지진이 일어나는 것처럼 화산도 지각 변동이 일어나기 때문에 폭발합니다. 지각의 판과 판들이 움직이면서 부딪칠 때 판과 판의 경계면에서 화산 활동이 많이 일어납니다.

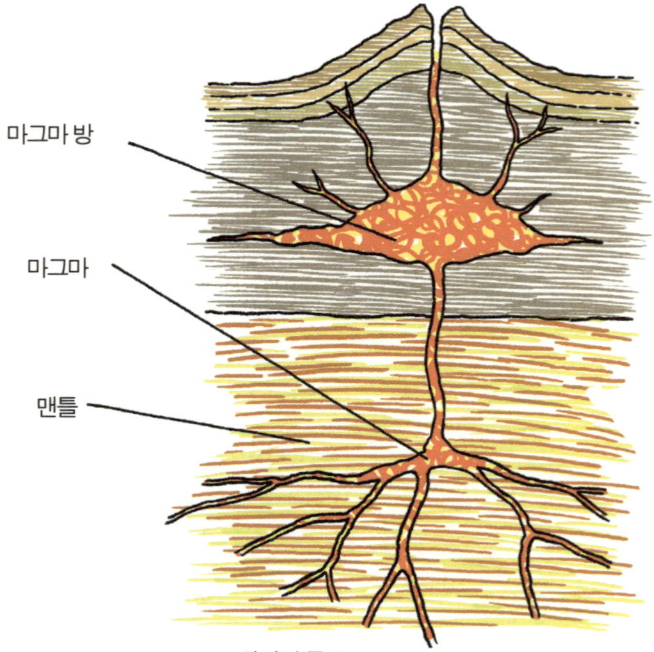

화산의 구조

압력솥을 가열하면 증기가 나오듯이 마그마가 가열되면 화산 폭발이 일어난다고!

지각의 바로 밑 부분인, 지구 내부의 구조 중 가장 많은 부피를 차지하고 있는 맨틀 부분에서 마그마가 만들어집니다. 마그마는 지하 50~200㎞쯤에서 암석이 부분적으로 가열되면서 만들어집니다. 화산에서 분출될 때에는 주위의 암석보다 비중이 가벼워서 서서히 상승하여 10~20㎞ 깊이의 지하에 고여 있다가 지표로 분출하게 됩니다. 이렇게 마그마가 서로 모여 고여 있는 곳을 마그마 방이라고 합니다.

점성

어떤 물질이 잘 흐르는 정도를 나타내는 말을 '유동성'이라고 하는데, 그 반대로 성질이 차지고 끈적끈적한 정도를 점성이라고 합니다.

마그마는 지하에서 암석과 가스가 함께 녹아 있는 상태를 말하지만, 용암은 이런 마그마가 지표로 나와 있는 상태를 말합니다. 용암은 점성이 낮아서 움직임이 활발한 것이 있고, 점성이 높아서 거의 움직이지 않는 것도 있습니다.

화산을 분류할 때 흔히 활화산, 휴화산, 사화산의 세 종류로 구분합니다. 마그마가 분출하면서 폭발하거나 가스가 분출하는 화산 활동이 발생했다는 기록은 남아 있지만, 최근 들어 활동하지 않는 화산을 휴화산이라 합니다. 그러나 활동이 중지된 것으로 여겨졌던 사화산이 화산 분출물을 뿜어내는 경우도 있을 뿐만 아니라, 현재까지 활동을 잠시 중단하고 있는 휴화산의 경우에도 언제 분출이 일어날지 알 수 없습니다. 최근에는 휴화산과 사화산도 언젠가 다시 활동할지 모르기 때문에 활화산에 포함시키기도 합니다.

TIP 요건 몰랐지?

사람의 힘으로 용암을 막아내다

사람의 힘으로 흐르는 용암을 막아낸 경우가 있다고 합니다. 이미 흐르기 시작한 용암을 사람의 힘으로 막아낸다는 것은 상상하기 힘든 일이지만, 1973년 아이슬란드 헤이마에이 섬의 헬라펠 화산에서 용암이 흘러내리자, 섬 주민들이 마을을 지키기 위해서 바닷물을 끌어 들여 흐르는 용암을 강제로 식혀서 용암의 흐름을 막아낸 일이 있었습니다. 사람들이 힘을 모두 합치면 못 해낼 일이 없겠지요?

헤이마에이 섬. © Andreas Tille @the Wikimedia Commons

화산 폭발의 종류

하와이식 분화

가스 폭발과 화산 쇄설물의 폭발이 없이 용암만을 조용히 유출하는 가장 조용한 성질을 보여 주는 분화 방법입니다. 하와이의 킬라우에아 화산, 마우나로아 화산 등이 대표적인데, 이러한 분화는 흔히 순상 화산을 만들어 냅니다. 제주도도 초반기에는 하와이식 분화가 이루어졌던 것으로 예측이 됩니다.

하와이식 분화는 열하 분출이라고도 하는데, 점성이 낮은 현무암질 용암이 홍수처럼 퍼져 나가기 때문에 현무암질 홍수 분화라고 부르기도 합니다.

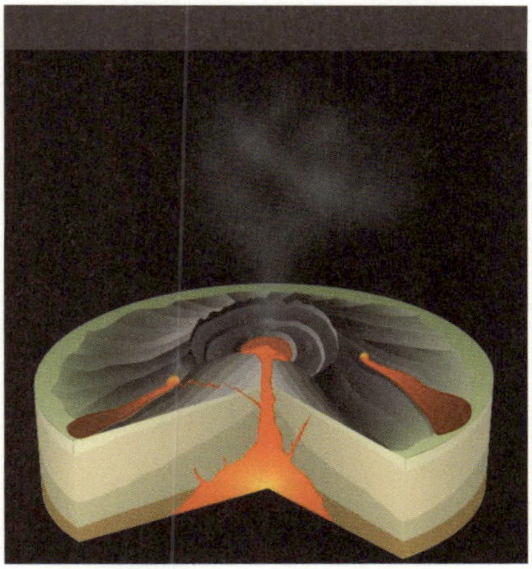

하와이식 분화.
ⓒ Sémhur @the Wikimedia Commons

스트롬볼리식 분화

스트롬볼리식 분화란 용암의 분출과 약한 폭발이 연달아 일어나서 용암이 굳어서 덩어리가 생길 사이가 없는 화산의 분화 형태를 말합니다. 지중해 리파리 섬의 스트롬볼리 화산의 활동에서 유래한 것이지요. 일본 규슈에 있는 아소 산도 이 활동에 속합니다.

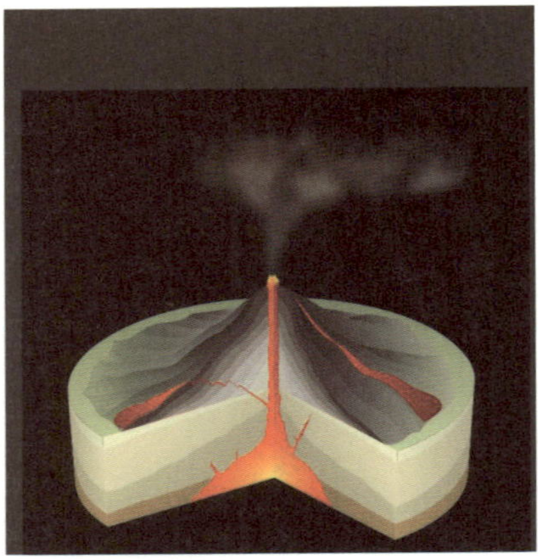
스트롬볼리식 분화.
ⓒ Sémhur @the Wikimedia Commons

벌컨식 분화

벌컨식 분화는 용암의 분출과 폭발이 번갈아 일어나는 모습이 스트롬볼리식과 비슷하지만, 분화 양식은 용암의 점성이 비교적 크고 용암류 표면에 덩어리가 생긴 후에 폭발이 일어나서 파편을 하늘 높이 쏘아 올리며 밤에도 화염이 보이지 않는 특징이 있습니다.

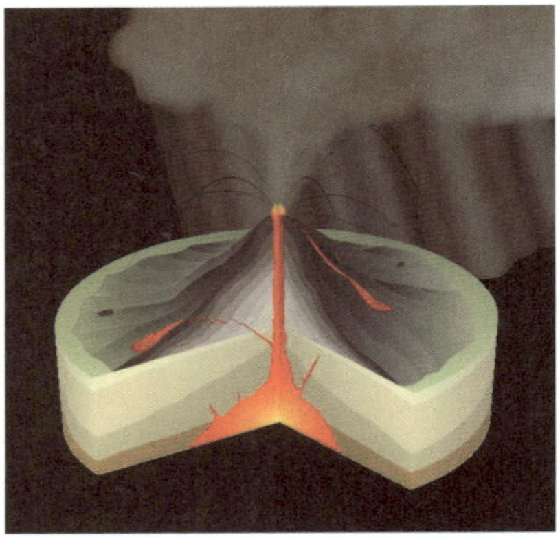
벌컨식 분화.
ⓒ Sémhur @the Wikimedia Commons

화구에서 방출되는 화산 가스의 압력이 엄청나서 많은 화산 쇄설물을 분출하지요. 화산탄은 빵 껍질 모양을 이루는 것이 많으며, 암괴는 흔히 예리한 각을 가진 모서리를 가지고 있습니다. 지중해 리파리 섬의 불카노 화산이 대표적으로 벌컨식 분화에 속합니다.

초벌컨식 분화

초벌컨식 분화는 화산이 분화를 일시 중지하였다가 강한 폭발이 일어나

화산 분출구 쪽에 저장되어 있던 물질을 하늘로 쏘아 올리고, 그 후 용암을 분출하는 활동이에요. 이때의 폭발을 수증기 폭발이라고도 합니다. 1888년 일본 반다이 산 폭발이 초벌컨식 분화에 해당합니다.

화산에서 용암이 분출하고 있다.

펠레식 분화

펠레식 분화는 가장 격렬한 폭발을 일으키는 화산 폭발입니다. 이 경우는 많은 화산 쇄설류를 유출하는 것이 특징이지요. 서인도제도 마르티니크 섬에 있는 펠레 화산이 1902년 분화할 때 화산 쇄설류가 흘러내려 약 8km 떨어진 상피에르 마을을 덮쳐 불과 1~2분 사이에 약 2만 8,000명에 달하는 주민을 질식시켰습니다.

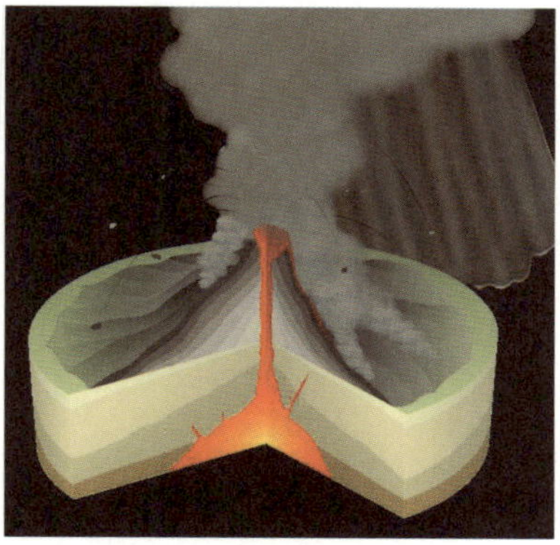
펠레식 분화.

쉬르트세이식 분화

아이슬란드 남쪽 바다에서 1963년에 시작되어서 1967년까지 4년이나 계속되었던 쉬르트세이 섬의 화산은, 처음 화산 활동이 시작되었을 때는 얕은 해저에서 폭발성 분화가 반복된 것이 특징인데, 점성이 작은 현무암질 마그마가 바닷물과 접촉하여 폭발을 일으켜서 육상에서의 스트롬볼리식 분화와는

질식

떡이나 사탕 같은 딱딱한 물질이 기도에 걸려 숨통이 막히거나 일산화탄소, 석탄 가스 등 유독 가스를 마셨을 때, 물에 빠지거나 좁은 곳에 많은 군중이 모여 있을 때, 호흡할 산소가 부족하여 숨을 쉬지 못하게 되는 현상입니다.

달리 알갱이의 크기가 아주 작은 화산재를 많이 분출했습니다.

이처럼 화산 분화 양식이 서로 다르게 나타나는 것은, 마그마의 성질과 밀접한 관계가 있습니다. 점성이 높은 용암인 유문암질 또는 석영안산암질 용암을 분출하는 화산은 펠레식이나 벌컨식에서처럼 폭발성이 격렬한 활동을 보여주지만, 점성이 낮은 현무암질 용암을 분출하는 화산에서는 하와이식이나 스트롬볼리식에서와 같이 비교적 조용한 분화를 합니다.

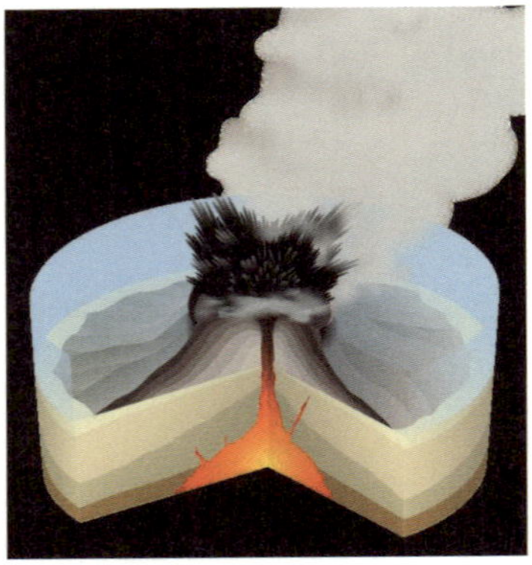

쉬르트세이식 분화.
ⓒ Sémhur @the Wikimedia Commons

화산이 분출할 때

화산 가스

화산이 폭발할 때에는 뜨거운 용암이 흘러나오면서, 화산 가스를 포함해 화산진, 화산재, 화산 모래, 화산 자갈 등의 크고 작은 용암 덩어리와 암석 파편들이 함께 땅 밖으로 뿜어져 나옵니다. 하늘은 검은 구름이 덮어지고, 화산 가스 때문에 연기가 계속 나지요. 뜨거운 용암 때문에 산불이 나기도 합니다.

화산이 폭발할 때 분출되는 화산 가스는 대부분 수증기로 이루어져 있다.
ⓒ Agsftw @the Wikemedia Commons

지하 깊은 곳에서 센 압력을 받고 있던 마그마가 지표면으로 나오는 순간 낮은 압력을 받게 되어서 가스 형태로 변하게 된 것이 화산 가스입니다. 화산 가스는 화산이 큰 폭발을 일으키는 원동력이 됩니다. 화산 가스를 이루고 있는 주요 성분은 수증기로, 화산 가스의 60~90% 정도를 차지하고 있고, 이외에 이산화탄소, 유황, 황화수소, 아황산가스, 염화수소 등의 가스들이 포함되어 있습니다. 이런 화산 가스의 성분들은 지구의 대기를 이루고 있는 성분이기도 합니다. 또 바닷속에서 분출된 화산의 화산 가스는 바닷물에 녹아, 바닷물의 성분을 이루는 중요한 요소가 됩니다.

화산 쇄설물

화산탄은 화산에서 쏟아진 폭탄이라는 뜻으로 화산 폭발로 뿜어져 나온 둥근 모양의 용암 덩어리입니다. 특히 화산탄은 크기가 지름이 32㎜ 이상인 것만 말합니다.

화산이 폭발할 때 굳어진 마그마가 분출하는 것 중에서 크기가 지름 32㎜ 이상인 것들을 화산탄이라고 한다.

화산탄은 원천이 되는 마그마의 성질에 따라서 여러 가지 모양으로 나타나는데, 현무암질의 마그마로 만들어진 화산탄은 고구마 또는 아몬드 모양을 나타냅니다. 안산암질의 마그마로 만들어진 화산탄은 갈라짐이 많은 빵 껍질 모양을 나타내지요.

클리블랜드 화산의 화산재 구름.

직접 마그마가 분출되지 않아도, 화산이 폭발하기 위해 만들어진 수증기와 화산 가스의 압력 때문에 지각이 깨지면서 생기는 암석 조각들이 있습니다. 이 암석의 조각이나 돌덩어리는 크기에 따라서 분류합니다.

지름이 32㎝ 이상인 것은 화산암괴라고 하는데, 그중에는 무게가 60t 이상이어서 거의 탱크 무게와 맞먹는 것도 있습니다. 지름이 4~32㎜인 것은 화산력, 2㎜ 이하인 것은 화산재, 0.25㎜ 이하로 아주 미세한 가루는 화산진이라고 합니다.

화산 폭발이 일어났을 때 함께 분출되는 화산진들이 하늘을 뒤덮어 버릴 수가 있습니다. 이때 뒤덮인 화산진이 햇빛을 막아서 농작물들에 피해를 주기도 합니다. 또 화산진은 호흡기 문제를 유발하며 기계가 고장 나게도 합니다.

화산진이 하늘을 뒤덮고 있다. ⓒ B.navez @the Wikimedia Commons

화산 분출의 이로운 점

화산 분출은 사람의 생명과 재산에 피해를 입히고, 자연 환경에 급격한 변화를 일으켜 생태계에 심각한 타격을 주기도 하지만, 장기적으로 보면 인간과 생태계에 유익함을 주기도 합니다. 화산재에는 식물의 성장에 필요한 성분이 다량으로 포함되어 있어 오랜 시간이 지난 후에 식물이 자라기에 좋은 기름진 땅으로 바꾸어 줍니다.

TIP 요건 몰랐지?

하늘을 나는 물고기

화산이 폭발할 때 화산재, 용암 등의 화산 분출물 말고도, 화산의 분화구에 생긴 화구호나 칼데라 호에 살던 물고기들이 함께 튀어나오는 경우가 종종 있습니다. 이때 튀어나오는 물고기 중에서 사람들이 모르고 지내던 생물이 발견되기도 합니다. 인도양의 레위니옹 섬에서 발생한 화산 폭발로 인해 지금껏 본 적이 없는 희귀한 물고기 수백여 마리가 죽어서 떠다니는 것이 발견되기도 했습니다.

화산의 종류

화산은 화산이 분화하는 형식과 화산이 분출할 때 나오는 분출물의 특성에 따라서 순상 화산, 성층 화산, 종상 화산, 분석구, 응회구, 이렇게 다섯 가지 종류로 분류할 수 있습니다.

순상 화산은 점성이 작아 잘 흘러내리는 현무암질 용암이 분출되어서 만들어진 화산입니다. 화산 폭발 활동에 의한 화산 쇄설물이 매우 조금밖에 나오지 않기 때문에 경사가 완만한 방패 모양의 화산을 이루지요. 태평양 하와이 제도에 있는 대부분의 섬과 제주도 등이 이런 순상 화산에 속합니다.

제주도 한라산은 대표적 순상 화산이다.
ⓒ Steve Slep @the Wikimedia Commons

성층 화산은 폭발식 분화에 의한 화산 쇄설물들과 분출식 분화에 의한 용암류가 겹겹이 쌓이면서 만들어진 아주 큰 화산입니다. 경사가 급한 원추형 모양을 이루고 있지요. 일

성층 화산인 후지 산은 경사가 급한 아주 큰 화산이다. ⓒ Σ64 @the Wikimedia Commons

본의 후지 산이나 이탈리아의 베수비오 산이 성층 화산에 속합니다.

종상 화산은 점성이 큰 유문암질 용암이 분출되어서 멀리 흐르지 못하고, 용암이 화산 분출구 입구에 두껍게 쌓여서 굳어 있는 모습을 하고 있습니다. 종을 엎어 놓은 모양으로 엉겨 붙어 만들어졌지요. 제주도의 산방산이 종상 화산에 속합니다.

소화산체

화구 주변에 다양한 화산 쇄설물이 켜켜이 쌓여서 생긴 작은 화산들입니다. 소화산체도 각각 분화구를 가지고 있습니다. 제주도의 오름이 대표적인 예입니다.

분석구는 점성이 작은 현무암질 마그마가 작은 규모의 폭발을 여러 번 하면서 분출된 화산 쇄설물들이 작은 화산체를 이루고 있는 것을 말합니다. 이렇게 만들어진 소화산체를 제주도에서는 오름이라고 부르는데, 무려 400여 개나 있습니다.

응회구는 마그마가 폭발할 때 물과 만나서 화산 쇄설물이 주로 화산재로 분쇄되어서 화구 주변에 모여서 만든 원추형 모양의 화산체를 말합니다. 꼭대기에는 큰 화구가 있고 밑면적은 넓은데, 높이는 약간 낮은 편입니다. 하와이 오아후 섬의 다이아몬드헤드 산, 제주도의 성산일출봉이 이 응회구에 속합니다.

응회구는 마그마가 폭발할 때 물과 만나서 화산 쇄설물이 주로 화산재로 굳어져 버린 것들이 모여져서 만들어진 화산이다.
ⓒ Provelt@the Wikimedia Commons

화산 폭발을 예고하는 현상들

화산이 폭발하기 전에 알 수는 없을까요? 화산이 폭발하기 전에 보이는 여러 가지 자연 현상들에 대해 알아 보도록 합시다.

첫째, 화산이 폭발하기 전에 분화구에서는 증기가 분출됩니다. 온천의 온도가 급격하게 오르거나 화산의 분화구 안이나 산허리 등에서 화산 가스를 분출하는 구멍인 분기공의 활동이 활발해져서, 산의 곳곳에서 화산 가스가 뿜어져 나옵니다.

둘째, 화산 근처에서 유황 연기가 피어오릅니다. 유황 연기에 질식한 동물들이 죽음을 당하기도 하지요. 유황 성분은 물에도 잘 녹기 때문에 물에서 계란 썩은 냄새가 나거나, 물고기들이 떼죽음을 당하기도 합니다.

셋째, 마그마가 이동하기 때문에 화산 폭발 전에 약한 지진이 발생하기도 합니다. 이런 흔들림 때문에 산의 바위나 돌들이 떨어지기도 하지요.

넷째, 세인트헬렌스 화산은 화산 폭발 전에 화산 가스가 밖으로 나오려고 하는 압력 때문에 땅이 부풀어 올랐다고 합니다.

다섯째, 동물들은 화산이 폭발할 것을 미리 알고 소리를 내거나, 불안감 때문에 가만히 있지를 못합니다. 화산 폭발에 대비해서 미리 대피하는 동물들도 있습니다.

화산이 폭발하기 오래전부터 이렇게 화산이 폭발하기 전 신호를 보내는 화산들도 있지만, 이러한 위험 신호를 보내지 않다가 갑자기 분화하게 되는 화산도 많습니다. 그래서 화산 폭발의 피해를 줄이려면, 미세한 땅의 움직임 등을 최첨단 장비를 이용해 항상 주의 깊게 살펴보아야 합니다.

TIP 요건 몰랐지?

화산 연구의 기초가 된 파리쿠틴 화산

파리쿠틴 화산. © Karla Yannín Alcázar Quintero @the Wikimedia Commons

1943년 2월 20일, 멕시코에 사는 한 농부는 옥수수 씨를 뿌리기 위해 밭을 갈다가 이상한 현상을 발견하게 되었습니다. 밭 가운데서 갑자기 수증기가 뿜어 나오는 것이었지요. 그날 오후 4시경에는 벼락이 치는 소리가 들렸으며, 주변의 나무가 흔들리고, 땅의 갈라진 틈으로부터는 어떤 물질이 뿜어져 나와 2m 가량 쌓이기도 했습니다. 여기저기 갈라진 틈에서는 유황 냄새와 함께 아주 작은 재가 뿜어져 나왔고, '씨이' 하는 소리를 내면서 연기도 솟아올랐습니다. 잠시 후 빨갛고 뜨거운 용암과 먼지 불기둥이 공중으로 솟아올랐어요. 그리고 뜨거운 용암과 먼지, 불기둥이 공중으로 솟아올랐습니다.

화산 활동에 대해서 자세히 연구되기 시작한 화산이 이때 옥수수밭에서 터져 나온 멕시코의 파리쿠틴 화산입니다. 파리쿠틴 화산이 분출을 시작한 지 3일이 지난 후부터 관측자들은 많은 장비를 가지고 화산의 분출과 화산이 커지는 과정을 생생하게 기록했습니다.

화산 활동은 계속되었으며, 이튿날인 21일에는 화산의 높이가 9m에서 46m로 높아졌습니다. 그 후 용암이 계속 뿜어 나왔으며, 시간당 4.6m의 비율로 옥수수밭을 서서히 덮어가고 있었습니다. 7주 후에는 산의 높이가 150m나 되었으며, 화산에서 뿜어 나오는 많은 재는 화산에서 수㎞나 되는 곳까지 넓은 지역을 덮었고, 비가 내려 파리쿠틴 마을은 점차 폐허가 되어 버렸습니다.

7개월 후에는 산의 높이가 450m나 되었고, 산 밑의 지름은 1,600m에 달하였지요. 분출한 지 9년이 지난 1952년에는 화산의 높이가 2,771m나 되었고, 화산은 마침내 조용해졌습니다.

파리쿠틴 화산이 분출하기 20여 일 전에 그 옥수수밭 주변에서 발생한 지진을 연구한 결과를 바탕으로 1978년 미국지질연구소의 화산학자들은 세인트헬렌스 화산 활동을 정확히 예측할 수가 있었습니다. 그들은 가까운 장래에 세인트헬렌스 화산의 맹렬한 활동이 있을 것이고, 20세기가 끝나기 전에 분출하여 자연 환경과 재산, 농사 및 발전 시설에 많은 영향을 줄 것이라고 예견했습니다. 그 덕택에 1980년 분출한 세인트헬렌스 화산의 분출 과정을 자세히 조사할 수 있게 되었고, 미리 대비하여 피해를 줄일 수 있습니다.

Q&A 꼭 알고 넘어가자!

문제 1 마그마와 용암은 어떻게 다를까요?

문제 2 화산은 왜 불을 내뿜을까요?

3. 마그마가 분출하면서 폭발하거나 가스가 분출하는 화산 활동이 발생했다는 기록은 남아 있지만, 최근 들어 활동하지 않는 화산을 휴화산이라 합니다. 그러나 활동이 중지된 것으로 여겨졌던 사화산이 화산 분출물을 뿜어내는 경우도 있을 뿐만 아니라, 현재까지 활동을 잠시 중단하고 있는 휴화산의 경우에도 언제 분출이 일어날지 알 수 없습니다.

문제 3 휴화산이란 무엇일까요?

정답

1. 지하에는 암석이 녹을 만한 압력과 온도 조건이 갖춰져 있기 때문에 녹은 암석이 지하에 저장되어 있습니다. 녹은 암석이 저장된 지하 공간을 마그마 방이라고 합니다. 마그마는 내부의 수증기 압력을 받아서 서서히 지표로 분출하게 됩니다. 지표로 분출하면서 기체 성분이 빠져 나가고 온도가 비교적 낮아진 상태가 바로 용암입니다.

2. 마그마는 딱딱한 암석보다 가벼워 점점 위로 올라와 모여 있습니다. 그러다가 지표면의 약한 부분을 찾으면 뚫고 나오는데, 이것이 화산입니다. 따라서 화산이 폭발할 때 빨간 불기둥은 바로 땅속에 녹아 있는 마그마입니다.

관련 교과

초등 4학년 2학기 **2. 지층과 화석**

초등 4학년 2학기 **4. 화산과 지진**

5. 화산이 폭발하면 생기는 일

영화에서 화산이 폭발하는 장면을 보면 연기가 많이 나고, 화산재나 화산진이 하늘을 덮으며, 용암이 흘러내립니다. 화산이 폭발한 후에는 정확히 어떤 일이 일어날까요? 화산이 우리에게 어떤 영향을 미치게 되는지 알아봅시다.

화산 활동의 예

포포카테페틀 화산

포포카테페틀은 나무들로 뒤덮인 비탈이 있고 꼭대기가 눈으로 덮인 원뿔 모양의 산입니다. 피코 데 오리자바 다음으로 멕시코에서 두 번째 높고 큰 분화구를 가진 화산이지요. 포포카테페틀이란 이름은 멕시코 원주민들의 말로 '연기를 내뿜는 산'이라는 뜻입니다. 이 산을 말할 때 주로 '포포'라고 간단하게 줄여서 말하기도 합니다.

포포카테페틀은 5,000m까지는 거의 완벽한 원뿔꼴의 모양을 하고 있으

포포카테페틀 화산은 멕시코에 위치한 화산으로 아직도 활발하게 화산 활동을 하고 있다.
ⓒ Jakub Hejtmánek @the Wikimedia Commons

며, 그 이후는 모양이 불규칙하게 변합니다. 포포의 분화구는 달걀 모양을 하고 있으며 매우 깊습니다. 분화구는 노란 유황 얼룩과 화산 가스로 뒤덮여 있으며 그 모양으로 인해 산 이름이 지어지게 되었습니다. 화산의 내벽은 용암의 흐름으로 쌓인 침전물로 만들어졌습니다.

포포카테페틀의 마지막 최대 분화는 1947년에 발생했습니다. 포포카테페틀이 수면 상태에서 깨면서 토해 낸 가스와 재가 동쪽으로 약 40㎞ 떨어진 푸에브라라는 도시까지 바람을 타고 날아갔지요. 주위의 마을들은 철수되었고, 과학자들은 포포카테페틀의 분화를 예측하기 위해 산 가까이에서 관찰했습니다.

1995년과 1997년 사이에도 적어도 36차례 화산 폭발이 있었습니다. 포포카테페틀의 폭발 가능성에 대비해 주민 대피령을 내린 적도 있습니다.

네바도 델 루이스 화산 폭발

1902년의 카리브 해 마르티니크 화산 폭발 이후 20세기 들어 두 번째로 맞은 최악의 화산 참사로 이야기되는 네바도 델 루이스 화산 폭발은, 인근의 아르메로 시와 여덟 개 마을이 용암과 홍수로 뒤덮여 2만 5,000명이 사망하고, 약 2만 5,000명이 부상함으로써 5만 명이 피해를 입었습니다.

한밤중에 폭발한 네바도 델 루이스 화산은 화산재와 연기를 최고 7,890m 높이까지 뿜어냈기 때문에 산 위에 쌓인 눈과 얼음이 녹아내려 인근 랑구닐라 강이 넘쳐흘러서 몇 시간 후에는 화산으로부터 50㎞ 떨어진 아르메로 시에 홍수와 진흙이 덮쳤습니다. 이 재난으로 주변 인구를 포함하여 약 4만 5,000명이 거주하던 아르메로 시는 시가지의 85% 이상이 흔적도 없이 묻히거나 사라지게 되었습니다.

네바도 델 루이스 화산 폭발은 용암과 홍수로 많은 피해자들을 냈다. ⓒEdgar @the Wikimedia Commons

사건 직후 유엔 재난 구조 기구를 비롯한 세계 각국이 적극적으로 구조 지원 작업에 나섰지만, 피해 지역이 너무 넓고 사망자와 이재민이 많아서 눈에 띄는 성과를 거두지 못했습니다.

네바도 델 루이스 화산은 1595년 처음으로 폭발하여 639명의 사망자를 냈고, 1805년, 1898년, 1916년에도 폭발한 바 있습니다.

크라카토 화산

크라카토 화산은 인도네시아 자바와 수마트라 사이의 순다 해협에 있습니다. 1681년에 분출한 기록이 있고, 1870년대에 들어 지진이 발생하는 횟수가 급격히 증가하였지요. 1883년 5월부터 화산재를 10㎞ 상공까지 올릴 정도의 화산 활동을 개시하기 시작했습니다. 8월 26일 큰소리의 폭발음과 함께 화산재 구름을 약 10분 간격으로 분출하여 25㎞ 상공에 이르게 했습니다. 저녁 무렵에는 1~2m 높이의 소규모 해일이 발생했습니다.

8월 27일 아침에는 대규모 화산 폭발이 세 번이나 일어났고, 첫 번째 폭발로 만들어진 칼데라에 바닷물이 채워졌습니다. 두 번째 폭발은 약 30분 후에 발생하였고, 많은 양의 바닷물들이 마그마 방에 유입되었습니다. 세 번째 폭발은 오전 10시 3분경에 지름 6㎞, 깊이가 300m인 칼데라를 만들어 냈지요. 이 마지막 폭발음은 인류가 들어 본 가장 큰 소리로서 4,800㎞ 떨어진 인도양과 3,200㎞ 떨어진 오스트레일리아에서도 들렸다고 합니다.

이 화산 폭발로 화산에서 반경 150㎞ 이내에 위치한 건물의 유리창이 모두 깨지고, 대기에 준 영향이 매우 커서 이로부터 생긴 파장이 지구를 일곱 번이나 돌았고, 48시간 동안 밤과 낮을 구분할 수 없는 어둠이 계속되었다고 합니다. 그뿐만 아니라 공기 중에 떠다니는 화산재의 입자가 만들어 낸 빛의 산란에 의해서 화재가 난 것과 같은 붉은색을 띤 경관이 약 2년간 계속되었다고 합니다.

이 화산 활동으로 인해 일어난 해일은 서자바와 수마트라 해안 지역에 막대한 재해를 끼쳤습니다. 최대 42m의 높이를 갖는 이 엄청난 해일은 인근 육지의 내륙 5㎞까지 침입하였고, 주변의 5,000~6,000척의 선박이 파괴되었으며 3만 6,000명의 인명 손실이 있었고, 화산으로부터 3,000㎞나 떨어진 캘커타 강에서는 배 300여 척이 침몰했습니다. 이러한 직접적인 피해 외에도 화산재에 덮인 인근 지역은 농경지를 잃게 되어 기아 및 질병으로 직접적인 인명 피해 이상의 손실을 받게 되었습니다.

TIP 요건 몰랐지?

화산 때문에 추워져요

화산 활동이 일어난 후유증으로 엄청난 추위를 겪게 된 일이 있었습니다.

1815년에 인도네시아에서 일어난 탐보라 화산은 폭발음이 굉장히 커서 먼 지역까지 들린 것으로 유명한데, 그때 발생한 화산재가 200㎞나 떨어진 곳까지 날아가 주변을 깜깜하게 만들었다고 합니다. 화산재가 만든 구름이 하늘을 덮어버린 것이지요. 이 화산 폭발로 유럽과 북아메리카 지역에서는 여름에도 서늘한 기후가 계속되어서 농작물 재배에 막대한 피해를 주게 되었습니다.

화산 활동 그 이후

화산 활동이 우리에게 주는 피해

화산은 한 번 폭발을 일으킨 후에 그 위력이 떨어져 그대로 남기도 하지만, 화산의 힘이 계속되어서 가스를 계속 내뿜든가, 땅이 따뜻한 채로 남아 있기도 합니다.

화산 활동이 일어나면 용암이 흘러내려 집들이 부서지고, 농사를 지어야 할 땅들이 용암 속에 묻히기 때문에 사람들은 살아갈 집을 잃게 되고, 농작물들이 피해를 보게 되어 먹을 것도 없어지게 됩니다. 화산 폭발 때 나온 화산재가 주변을 덮는 바람에 동식물이 피해를 입기도 합니다. 화산 활동이 일어나면서 산사태가 일어나거나 산불이 나는 경우도 많이 있지요. 또, 화산 활동의 영향으로 해일이 일어나고 폭풍이 불기도 합니다.

콩고민주공화국 동부에 있는 니라공고 화산.
ⓒCai Tjeenk Willink @the Wikimedia Commons

1954년 5월 하와이 킬라우에아 화산.

땅속의 마그마의 열기로 데워진 지하수가 땅 위로 올라오는 것이 화산 온천입니다.
ⓒShizhao @the Wikimedia Commons

화산 온천

화산 활동이 우리에게 유익한 점도 있습니다. 바로 화산 활동으로 뜨거워진 땅에서 솟아나는 온천입니다. 온천은 땅속의 마그마에 의해서 지하수가 끓어서 지표면으로 뜨거운 물이 솟아올라서 만들어집니다. 특히 이웃나라 일본에 이렇게 만들어진 온천이 많이 있습니다. 온천수는 따뜻할 뿐만 아니라 마그네슘, 칼슘, 나트륨 등의 광물질들이 많이 녹아 있기 때문에 혈액 순환을 도와 건강에도 좋습니다.

관광지 개발

화산 활동이 일어났던 지역을 관광지로 개발하기도 합니다. 화산이 폭발하고 나서 생기는 꼭대기 분화구의 칼데라 호는 아름다워서 관광지로도 제격입니다. 칼데라란 에스파냐어로 '냄비'라는 뜻입니다. 화산 지형에서 지

름이 3㎞ 이상인 화구 모양의 웅덩이를 말합니다. 강력한 폭발에 의해 많은 마그마가 한꺼번에 분출한 후 원형으로 내려앉은 형태이며, 주위에 급한 언덕을 형성합니다. 칼데라 호는 화산이 분출되고 나서 생긴 커다란 구멍에 지하수가 올라오면서 생긴 호수입니다.

화산 활동으로 인해 만들어진 칼데라 호 중에는 아름다운 백두산 천지가 있다.
ⓒ Xgamer7 @the Wikimedia Commons

하와이 용암국립공원에 있는 설스톤 라바 튜브.

용암 동굴도 화산 활동이 일어난 후에 생기는 아주 대표적인 관광 자원입니다. 지하의 마그마가 화산 활동에 의해서 지층 위로 흘러내릴 때 밀도에 차이가 생기는데, 겉으로 드러난 용암은 굳어버리고, 속으로 흐르는 용암은 계속 흘러가면서 생기는 동굴이지요. 우리나라의 대표적 용암 동굴로 제주도 만장굴이 있습니다.

오름은 제주도 지방 사투리인데, 기생 화산을 오름이라고 부르지요. 오름은 주 분출구 이외에 생기는 작은 화산으로, 화산 활동을 할 때 지구 내부의 가스 등이 주로 분출되는 현상에 의해 만들어지는 것으로 알려져 있습니다. 대표적인 오름은 제주도의 산굼구리 분화구로, 제주도에 있는 360여 개의 오름 중에서 가장 유명하고 가장 크다고 합니다.

TIP 요건 몰랐지?

용암으로 보석을 만들어요

용암으로 보석을 만들 수가 있답니다. 뜨거운 용암이 식으면서 굳을 때, 수많은 광물 입자들이 차갑게 식으면서 보석 결정을 만들지요. 용암에서 만들어 낼 수 있는 보석으로는 사파이어, 루비, 마노, 제올라이트, 페리도트, 토파즈, 수정 등이 있습니다. 마노는 마그마 속의 거품에서 만들어지는데, 아름다운 줄무늬가 있는 것이 특징입니다. 제올라이트는 용암 속의 오래된 가스 방울 속에서 자랍니다. 감람석이라고도 불리는 페리도트는 홍해의 보석이라고도 합니다.

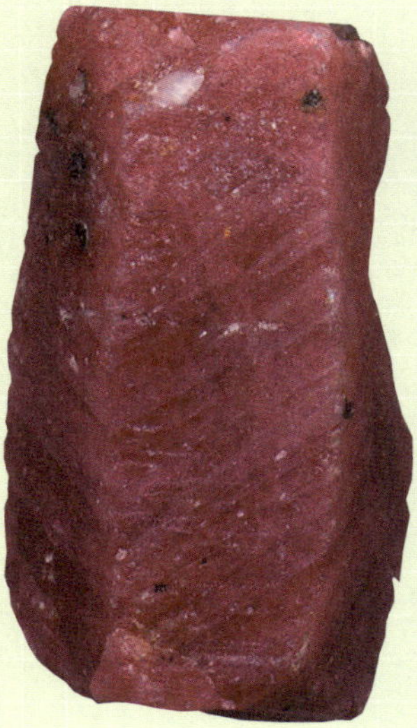

루비.

사파이어.

토파즈. ⓒ Rob Lavinsky @the Wikimedia Commons

페리도트.

수정. ⓒ Vassil @the Wikimedia Commons

Q&A 꼭 알고 넘어가자!

문제 1 백두산 천지는 한반도에 있는 대표적 칼데라 호입니다. 칼데라 호란 무엇일까요?

문제 2 제주도의 만장굴과 같은 용암 동굴은 어떻게 생겨나는 걸까요?

3. 화산이 터짐으로써 지구 내부의 물질을 알 수 있습니다. 화산 활동의 결과로 쌓인 화산재는 주변의 땅을 비옥하게 만들며, 용암이 굳을 때 보석 결정이 만들어지기도 합니다. 화산 활동이 일어나는 주변에는 온천과 특이한 지형이 많아서 관광지로 개발할 수 있습니다.

문제 3 화산 활동은 우리 생활에 어떤 영향을 미칠까요?

정답

1. 칼데라란 에스파냐어로 '냄비'라는 뜻입니다. 화산 지형에서 지름이 3km 이상인 화구 모양의 웅덩이를 말합니다. 강렬한 폭발에 의해 많은 마그마가 한꺼번에 분출한 후 원형으로 내려앉은 형태이며, 주위에 급한 언덕을 형성합니다.

2. 용암 동굴은 지하의 마그마가 화산 활동에 의해서 지층 위로 흘러내릴 때 밀도에 차이가 생기는데, 겉으로 드러난 용암은 굳어버리고, 속으로 흐르는 용암은 계속 흘러가게 되면서 생기는 동굴입니다.